빛깔있는 책들 203-23

한국 춘란 가꾸기

글, 사진/강법선

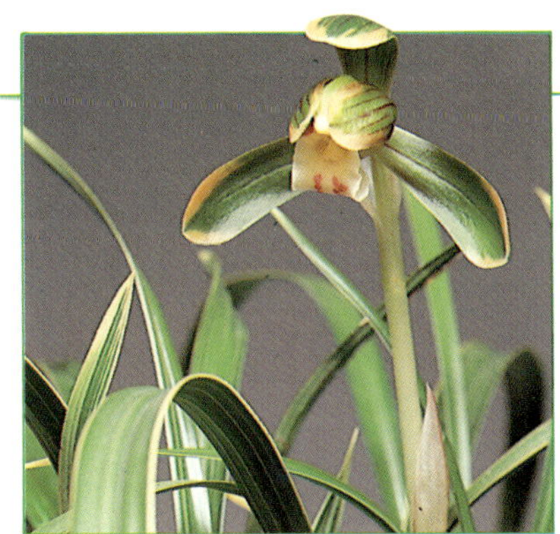

대원사

강법선 ─────────────
제주도에서 태어나 제주 오현고등
학교를 졸업, 제주대학교와 인하대
학교 경영대학원을 졸업했다. 제1회
공보처 선정 우수잡지상 수상, '92
공보처 장관 표창상을 받았으며 현
재 '난과 생활사' 편집 발행인, 한국
난문화연구원 원장, 시민 교양 문화
센터 강사로 있다.

빛깔있는 책들 203-23

한국 춘란 가꾸기

한국 춘란이란	6
한국 춘란의 분포 및 산지	12
한국 춘란의 형태	16
화예품(花藝品)이란	24
엽예품(葉藝品)이란	36
엽예품(葉藝品)의 배양 관리	44
예(藝)의 의미	51
화아분화(花芽分化)	58
난의 감상 요령	74
산채(山採)	84
춘란 구입 요령	94
춘란 가꾸는 요령	97
맺음말	126

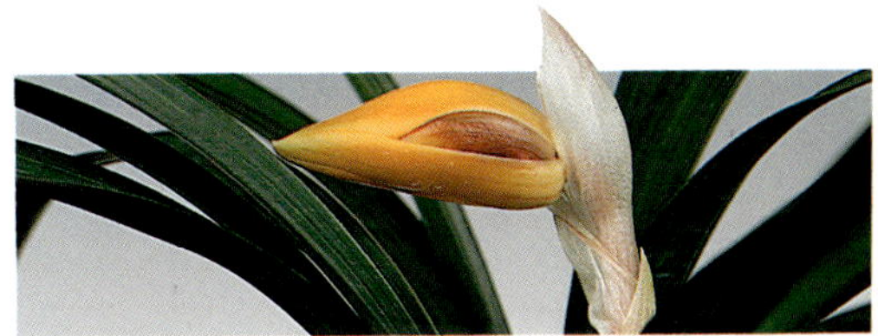

한국 춘란 가꾸기

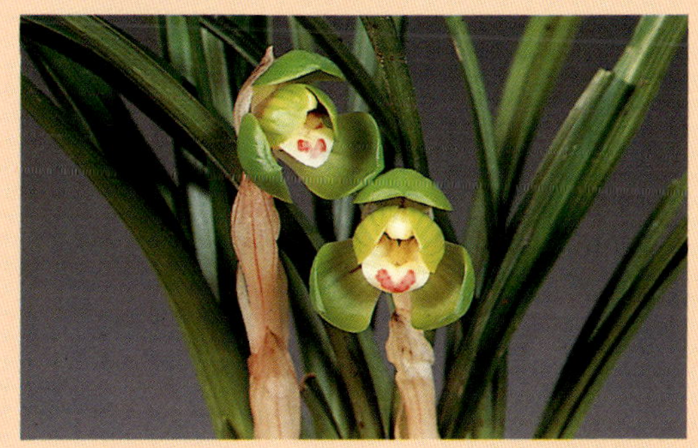

한국 춘란이란

　모든 식물은 꽃을 피운다. 꽃은 가지각색의 색으로써 그 아름다움을 자랑한다. 그러나 그 색 가운데에서도 녹색으로 피는 꽃은 거의 없다. 녹색은 사람에게 안정감을 주며 자연처럼 포근하고 적의(敵意)가 없는 색이다. 그래서 녹색의 보석인 비취(翡翠)도 사람에게 더 귀하게 생각되는 것이다. 이 비취의 녹색으로 꽃피우는 것이 바로 보춘화(報春花)라는 한국 춘란(韓國春蘭)이다. 보춘화는 봄을 알리는 꽃이라 하여 이름붙여졌듯이 3월부터 4월까지 자생지에서 녹색으로 꽃을 피운다.

　이 꽃이 피는 지역에서는 꿩밥, 개란, 산난초, 아가다래, 여다래 등으로 불려왔다. 왜냐하면 이 난과(科) 식물은 향기가 미미하여 난이면서 향기가 약하기 때문에 개란, 꿩이 꽃을 따먹기 때문에 꿩밥, 산에 난다 하여 산난초라 붙여진 이름들이다.

　보춘화 가운데에서 희귀한 품종을 골라 원예화하였다. 곧 돌연변이 품종에서 기를 수 있고 보기 좋은 품종을 고르는 작업인 원예화 작업을 하는 난이 바로 한국 춘란이다.

　한국 춘란은 중국 춘란, 일본 춘란과 같은 성질로 잎이 늘 푸른

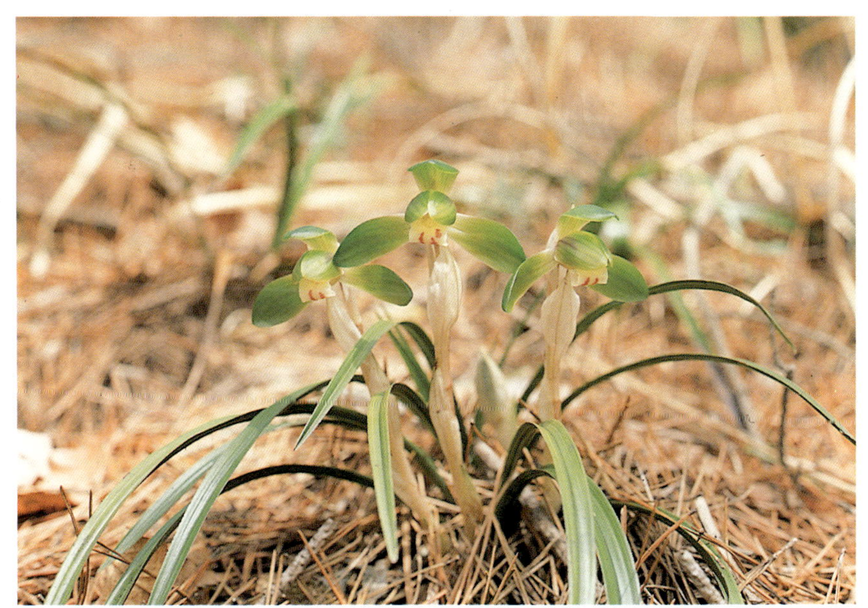

자생지에 핀 한국 춘란

관엽성(觀葉性)으로서 잎에 변이가 일어나 잎무늬를 보는 엽예품(葉藝品) 그리고 꽃에 변이가 일어나 보통의 보춘화와 틀린 색이거나 형태가 틀리는 따위로 꽃의 아름다움을 감상하는 화예품(花藝品)으로 나눈다.

다시 말하여 한국 춘란은 잎의 아름다운 변이를 보는 엽예품, 꽃의 아름다움을 보는 화예품으로 크게 나누는 것이다. 특이한 것은 한국 춘란은 향이 미미한 것으로 알려졌으나 제주도의 한란 자생지에서 나오는 춘란 가운데에 중국 춘란처럼 신비한 향이 있는 유향종(有香種)이 나왔으며 전남 해남과 진도에서는 꽃대 1개에 여러 개의 꽃이 달린 일경구화(一莖九華)와 같은 난이 발견되어 배양에 정성을 다하고 있다.

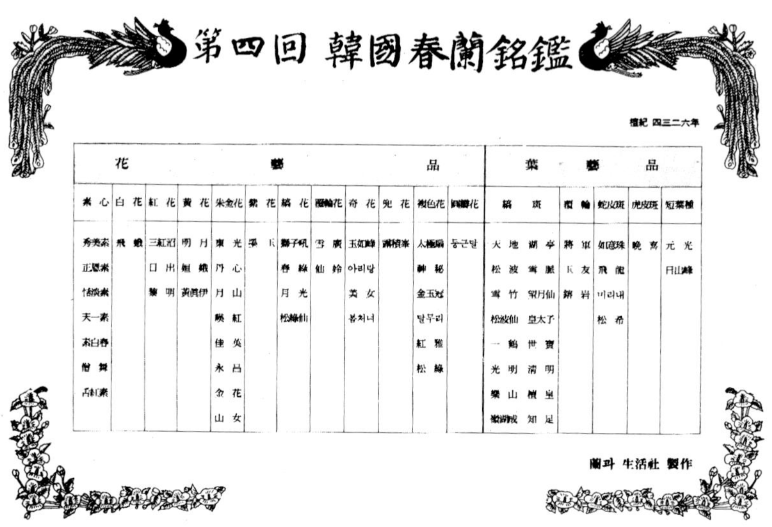

花藝品												葉藝品					
素心	白花	紅花	黃花	朱金花	紫花	縞花	覆輪花	奇花	兜花	褐色花	回瓣花	縞 斑	覆輪	蛇皮斑	虎皮斑	短葉種	
秀美素	飛娥	三紅沼	明月	東光	單玉	獅子吼	雪廣仙姶	玉如峰	滿穗兼	人極扇	둥근달	大地 湖亭	將軍	如意珠	晚翠	元光	
正思素		口出	姮娥	門心		春綠		아리랑		神秘		松波 寬脈	上友	飛龍		月山綠	
怡淡素		黎明	黃眞伊	月山		月光		美女		金玉冠		寶竹 寬月仙	錦岩	미리내			
天一素				暎紅		松綠仙		봄처녀		달무리		松波仙 皇太了		松希			
素白春				佳英						紅雅		一鶴 世寶					
僧舞				永呂						松綠		光明 清明					
古紅素				金花								樂山 楨皇					
				山女								藏湖戒 知足					

한국 춘란 명감

학술적으로 한국 춘란은 단자엽 식물 가운데 난과 식물로 심비디움속(Cymbidium屬)에 속하는 하나의 종(種)을 가리킨다.

한국 춘란의 학명은 심비디움 괴링기(Cymbidium Goeringii)이다. 이 품종은 일본에서 자생하는 일본 춘란과 같은 품종이나 향이 있는 중국 춘란인 심비디움포레스티 롤페(Cymbidium forrestii Rolfe)와는 다른 품종이다. 또한 춘란에서도 일경구화의 학명은 심비디움파베리 롤페(Cymbidium faberi Rolfe)이다.

이렇게 산에서 자라고 있던 난들의 원예성(희귀하고 배양하기 쉽고 보기에 미적 감각을 주는 품종)을 찾아서 배양되고 번식이 된 뒤에 이름을 붙여 주는 작업을 하고 있다. 이 작업을 명명(命名)이라고 하는데 앞으로 우수한 품종의 한국 춘란에 이름을 붙여 주고 많이 번식시켜서 많은 사람이 배양할 수 있고 감상하고 그 우수성을 수출까지 할 수 있는 날이 올 것이다.

한국 춘란의 역사

한국 난의 역사는 정확하게 고려 말부터 시작되었다는 것이 지금까지 조사된 문헌에서 알 수 있다. 「양촌집」 제1권에 의해 난이 우리 화훼 문화의 일부분으로 자리잡게 된 때를 우리나라 난사(蘭史)의 시작으로 본다면, 최초의 난인(蘭人)인 고려 말 난파(蘭坡) 이거인(李居仁)이 난을 애배(愛培)하던 14세기로 거슬러간다.

「양촌집」 제1권에 보면 '난죽장(蘭竹章)'이란 제목의 고시(古詩)형의 작품이 있는데, 여기에 이거인이 산채한 난을 배양하여 왕에게 바쳤다는 사실이 밝혀져 있다. 또한 조선시대에 간행한 「산림경제(山林經濟)」나 「임원십육지(林園十六志)」「양화소록(養花小錄)」 등의 고문헌을 살피면 "생호남연해제산자품가(生湖南沿海諸山者品佳)"라는 기록이 곳곳에 보인다. 호남 지방에서 난이 채집되었다는 내용의 글이 있어 벌써부터 한국 춘란에 대한 관찰은 했었다고 본다. 그러나 한국 춘란이 널리 가꾸어졌다고 볼 수는 없다. 그러나 선비들은 향(香)을 중요시여겼기에 향기가 없는 한국 춘란에 대해서는 그 관심이 미미했다.

한국 춘란이 널리 알려지기 시작한 시기는 1970년대 후반에 들어서였다. 소수 계층에 의해서 우리 난을 찾아서 노력하던 난 취미계(蘭趣味界)가 1981년 후반기부터 수입 자유화로 인해 넓게 확산되기 시작했다. 난에 대한 인식이 달라지고, 많은 사람들의 안목이 높아지면서 애란인들은 미적 자질이 있는 우수한 한국 춘란을 찾아내었다. 우리의 것에 대한 애착은 서서히 한국 춘란의 적화(赤花), 황화(黃花) 등의 색화(色花)와 복륜(覆輪), 중투호(中透縞) 등으로 모습을 드러내었다. 거의 모든 화예품과 엽예품이 망라되어 발견되었다. 이제는 난 문화와 난계(蘭界)라는 말이 자주 나올 정도로까지 발돋움하였으며, 동호인(同好人)도 기하급수적으로 불어났다.

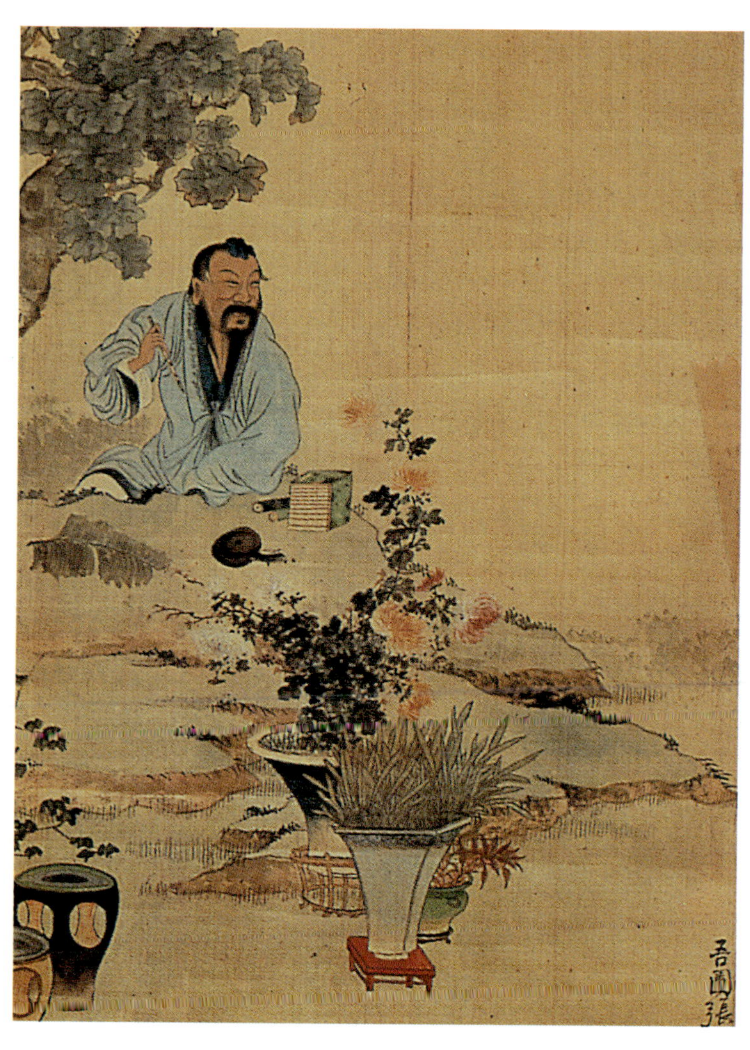

난을 소재로 한 그림 우리 선조들은 예부터 난을 좋아하여 항상 가까이 했다. 오원 장승업 작품

불붙은 한국 춘란의 붐은 우리의 난이라는 자긍심(自矜心)을 높여 주었고, 외국의 어느 난에도 뒤지지 않는 단아한 자태의 모습은 애란인들을 만족시키기에 충분하였다. 화색(花色)이나 무늬가 확인되면서 이제 한국 춘란은 우리 난계의 구심점이 되었다. 짧은 기간 동안 한국 춘란이 이렇게 발전하고 사랑을 받게 된 원인은 다음과 같이 볼 수 있다.

첫째, 어디에 내놓아도 손색이 없을 만큼의 우수한 품종들이 많이 나왔다.

둘째, 난이 아름다움을 감식(鑑識)하여 완상(玩賞)할 수 있는 능력의 애란인이 많아졌다.

셋째, 애란인의 증가로 인한 채란인(採蘭人)의 증가, 이에 따른 산채(山採)붐이 조성되어 우리의 난에 대한 관심이 고조되었다.

넷째, 취미 애란가들의 동호인 결성이 활발히 일어나 난 개발에 박차(拍車)가 가해졌다.

다섯째, 난 동호인회의 결성으로 인한 전시회가 활발히 일어나 정보 교환 및 난의 고정 배양에 힘을 쏟았다.

여섯째, 난 전문점이 생겨 우수 품종의 난을 보급, 배양시키는 데 큰 힘이 되었다.

일곱째, 난 관련 전문 잡지나 책의 출간으로 난에 대한 배양법, 정보 등을 상세히 알 수 있으며 난 배양 자재도 발전했다.

한국 춘란의 분포 및 산지

　한국 춘란은 온대성의 다년생 식물로 주로 남부 도서 지방에 자생하며, 북한계선(北限界線)은 충청남도의 태안반도 남쪽인 안면도(安眠島)와 경상북도의 영일만을 연결하는 선으로 알려져 있다. 이 지역의 연평균은 12도에서 13도이고, 1월 평균 기온이 0도에서 2도로 비교적 온화한 지역이다.

　그러나 한국 춘란은 이 선의 북쪽에서도 발견되고 있다. 안면도보다 훨씬 북쪽인 서해안의 백령도와 대청도, 소청도, 동해안의 울릉도에서도 자생 상태가 군락(群落)을 이룰 만큼의 난을 찾아볼 수 있다. 특별한 것은 충북 청주시와 강원도 동해시까지 자생한다는 것을 확인할 수 있었다.

　한국 춘란은 해발 100 내지 400미터의 산줄기이나 아닌 지대에 야생(野生)하며 높은 산에서는 자라지 않는다. 침엽수 및 낙엽활엽수나 상록활엽수의 숲속에 나며, 햇빛이 알맞게 조절되는 동향과 남향의 완경사지에 군생(群生)하고 있다.

　우리나라의 춘란은 남부 지방 특히 36도 이남의 해안, 도서 지방과 일부 내륙 지방에도 군락을 이루거나 산발적으로 자생하고 있고

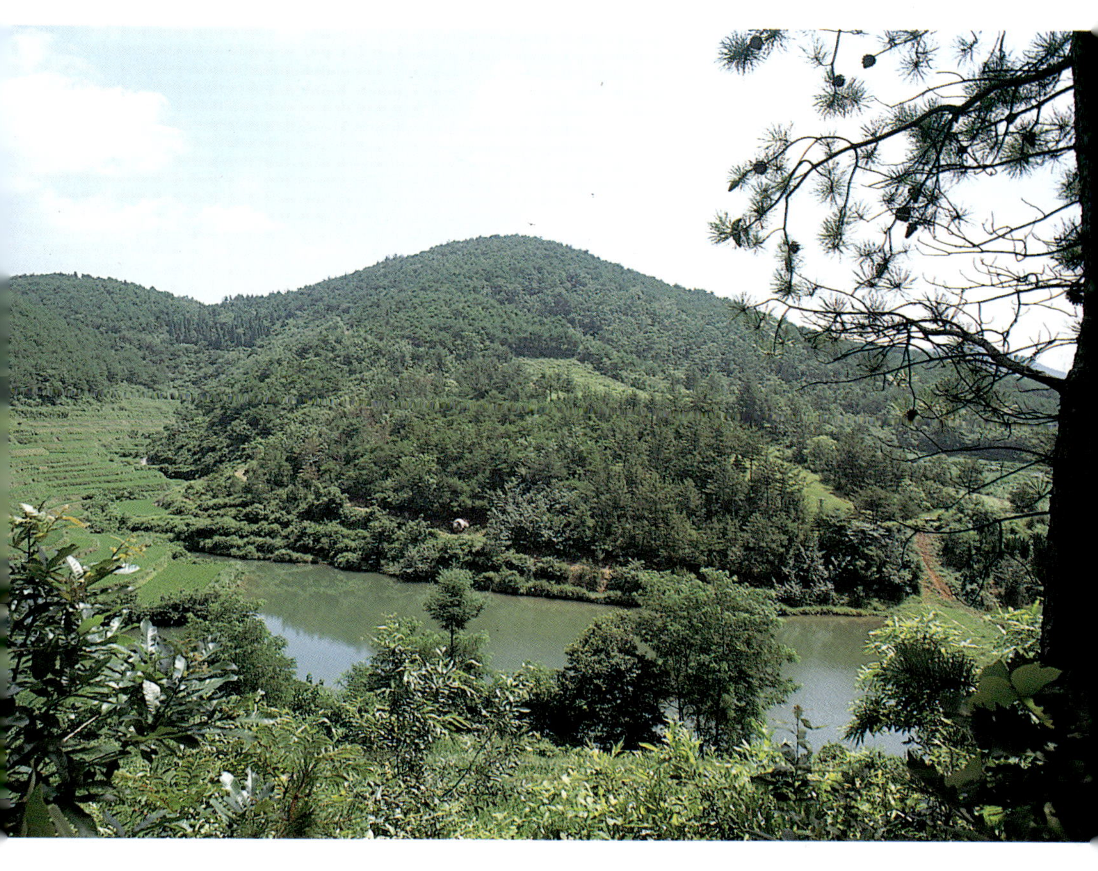

한국 춘란 자생지 전경   한국 춘란은 30, 40여 년 된 소나무 군락지에 많이 자생한다.

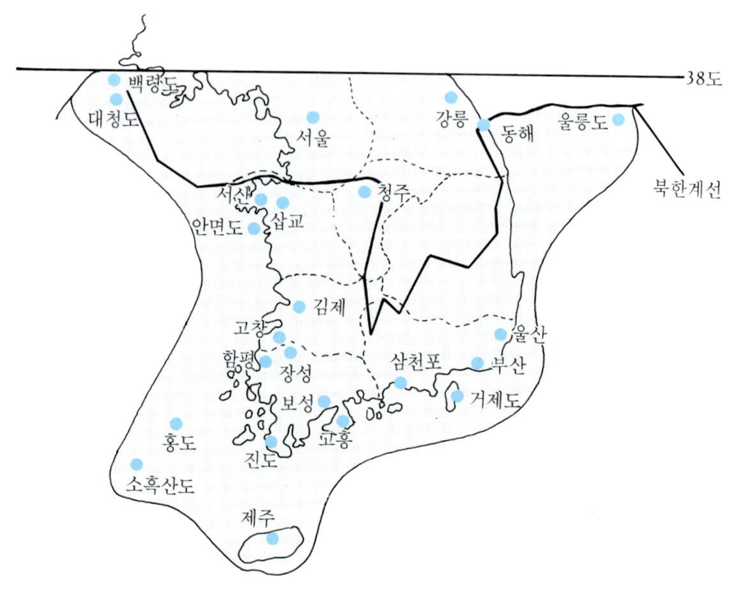

도서 지방에서는 위도가 높은 백령도와 울릉도에 자생하고 있으며 내륙 지방보다 해안 지방을 따라 그 분포선이 크게 북상하고 있다.

이들 춘란 자생 분포지의 겨울과 여름의 극단 기온을 니타내는 1월과 8월의 자생지와 자생지가 아닌 곳의 평균, 최고, 최저 기온의 차이를 보면 몇 가지 사실을 알 수 있다. 이들 기온이 자생지에 따른 겨울의 온도 차이가 뚜렷하고 여름의 고온 차이는 거의 없어 춘란 자생지의 기온이 자생지가 아닌 곳에 비해서 따뜻한 것을 알 수 있다. 또한 1월의 평균 기온이 영하 1도 이하로 내려가지 않으며 최저 기온도 영하 6도 이하로 내려가지 않는 것이 특징이다. 이것은 우리나라 동해와 서해의 겨울 등온선과 매우 흡사하다.

　　연간 사계절을 통하여 춘란 자생지는 대개 바람 속도가 1초당 3미터 또는 그 이상 되는 곳에서 발견되는 데 비해서, 춘란이 자생하되 그리 많지 않은 곳과 비자생지에서는 대개 1초마다 2미터의 풍속을 나타내고 있어서 다른 환경 여건보다 우선 바람이 조금 세게 부는 곳에 춘란이 많이 자생하고 있다는 것을 알 수 있다. 물론 춘란은 수목 특히 소나무가 자라는 나무 그늘 쪽이 그늘이 없는 양지보다 많은 수의 춘란이 자라는 것을 볼 수 있다.

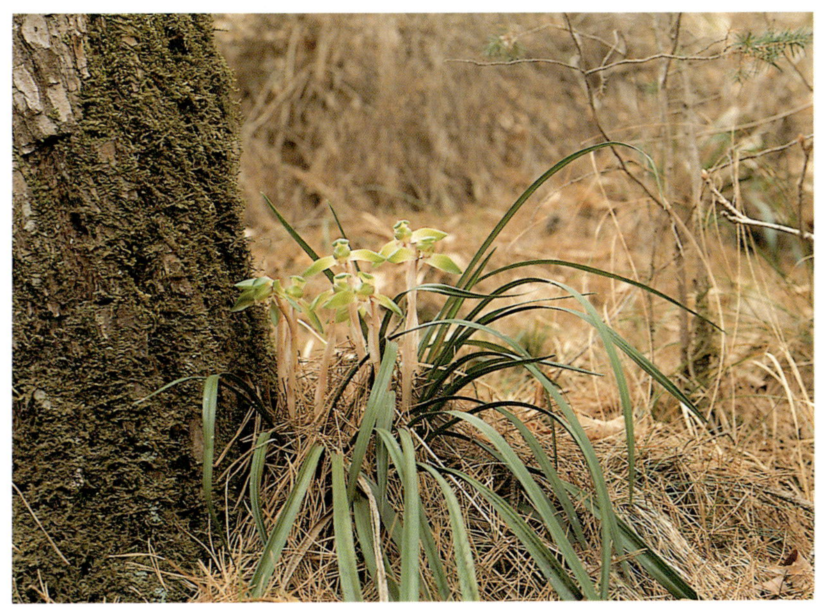

자생지 소나무 밑에 핀 한국 춘란

한국 춘란의 형태

꽃의 형태

한국 춘란의 꽃은 일반 난과(蘭科)의 꽃처럼 보통 6장으로 이루어진다. 바깥쪽 3장이 외판(外瓣)이고, 안쪽에는 2장의 봉심(捧心)과 혀라 불리는 설판(舌瓣)의 3상으로 되어 있다. 외판의 위쪽에 있는 것을 주판(主瓣)이라 하고, 주판 밑의 양쪽 2장을 부판(副瓣)이라 한다. 꽃색의 좋고 나쁨은 외판과 봉심의 색에 따라 판단된다.

봉심의 색과 형태는 외판에 가까운데, 설판은 특수한 형태를 취하고 있어 혀와 같은 모양으로 살이 두텁고 색도 많이 달라진다. 앞으로 드리워진 부분은 혀, 안쪽의 꽃기둥을 둘러싸고 있는 부분을 봉(媚)이라고 부르고 있다. 혀의 속까지 반점이 없는 것을 우수한 꽃으로 여긴다.

꽃의 줄기는 포의(苞衣)로 싸여 있는데, 꽃대는 길이 약 10 내지 30센티미터로 길게 뻗어나며 단단한 편이다. 외판 꽃잎의 길이는 3, 4센티미터 정도이고 폭은 0.5 내지 1.5센티미터인데 봉심은 외판보다 길이가 약간 짧다.

한국 춘란은 일본 춘란이나 중국 춘란에 비해 대부분 봉심이 단정
하여 꽃의 자태가 단아한 특징을 갖고 있다.

꽃 모양의 기본형

춘란은 재배나 관상하는 데 있어 곧 활용되는 각부분의 명칭과
형태미(形態美) 등에 관하여 알아 둘 필요가 있다.

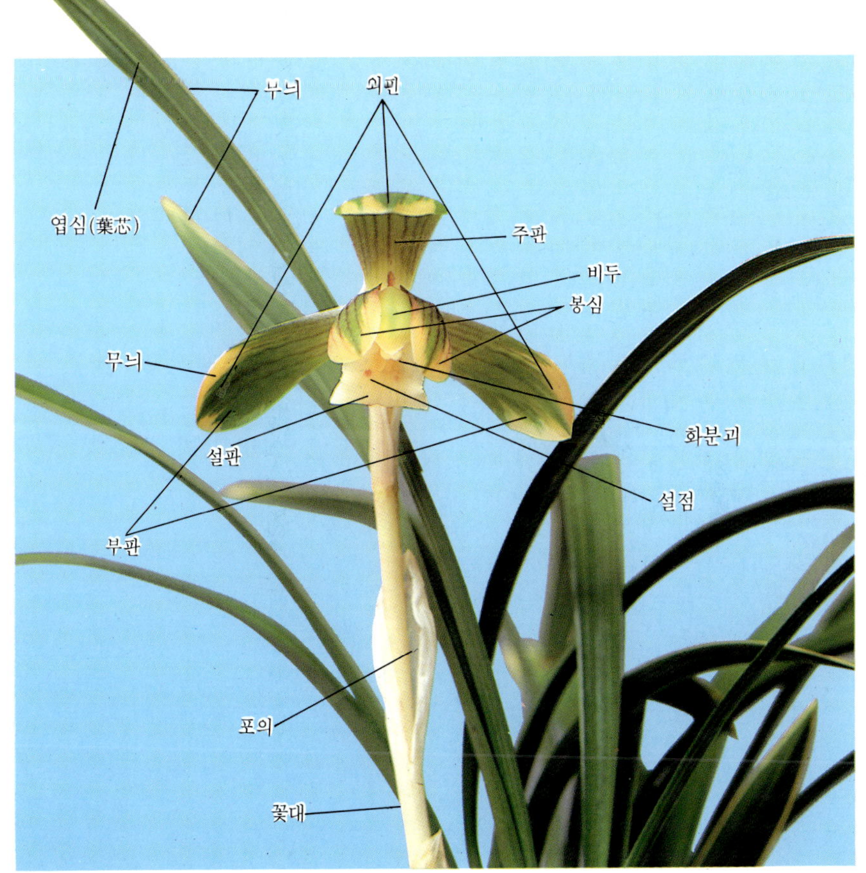

꽃의 부분 명칭

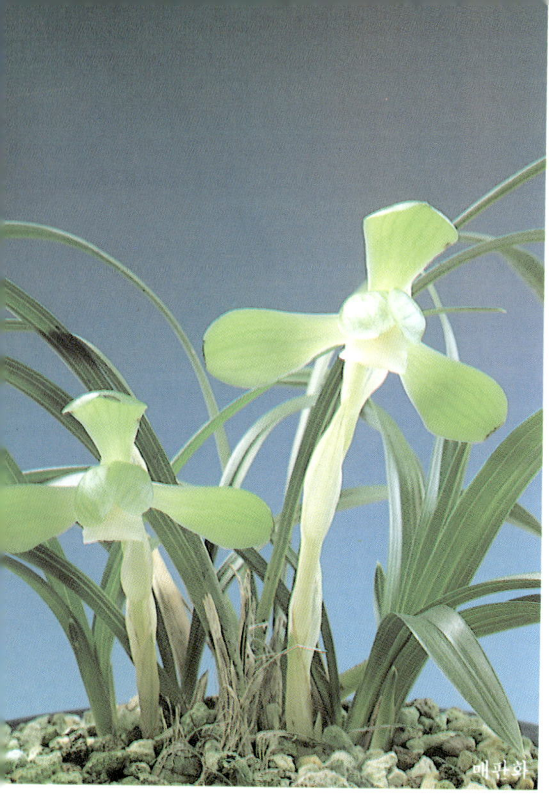

매판화

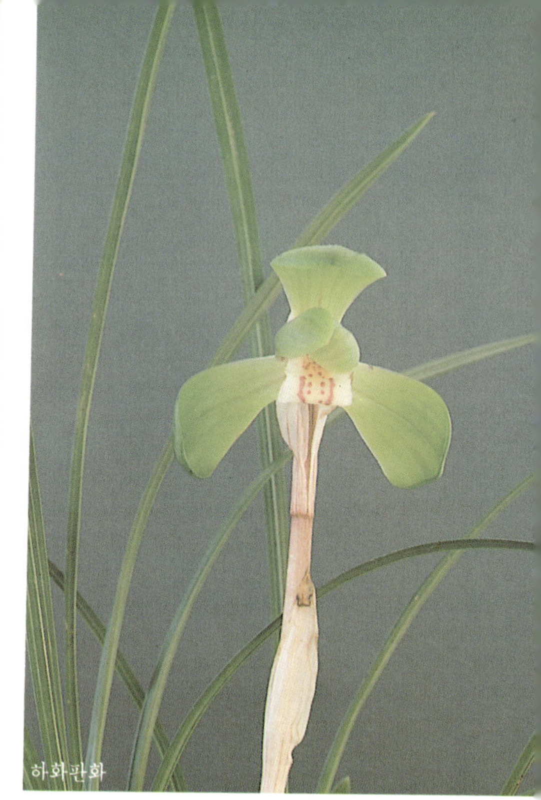

하화판화

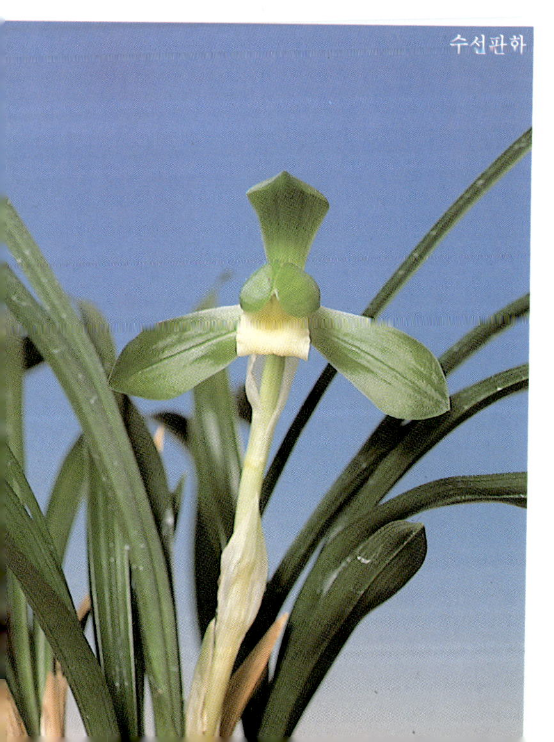

수선판화

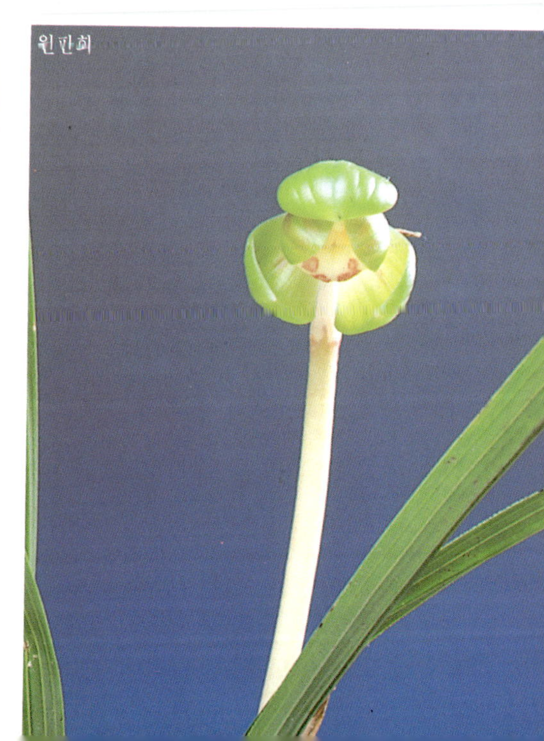

원판화

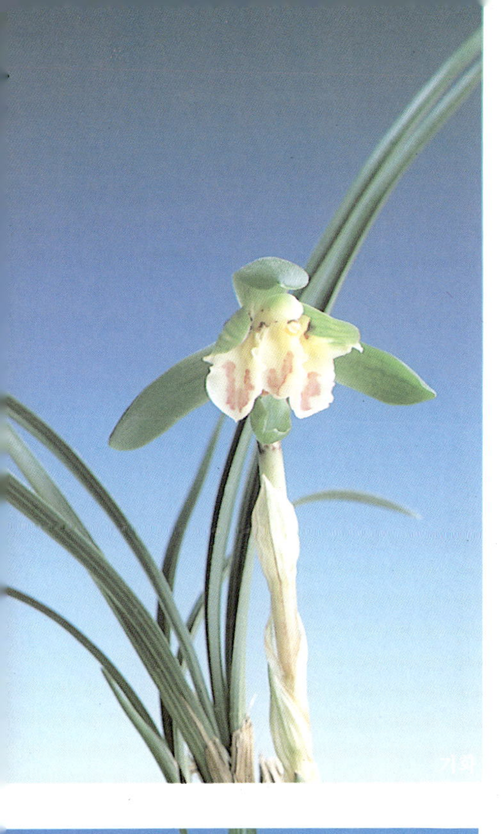
기화

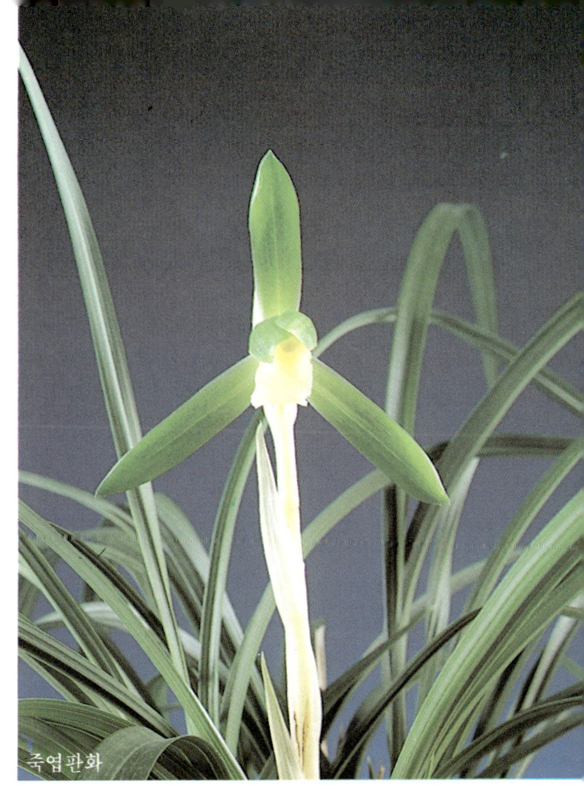
죽엽판화

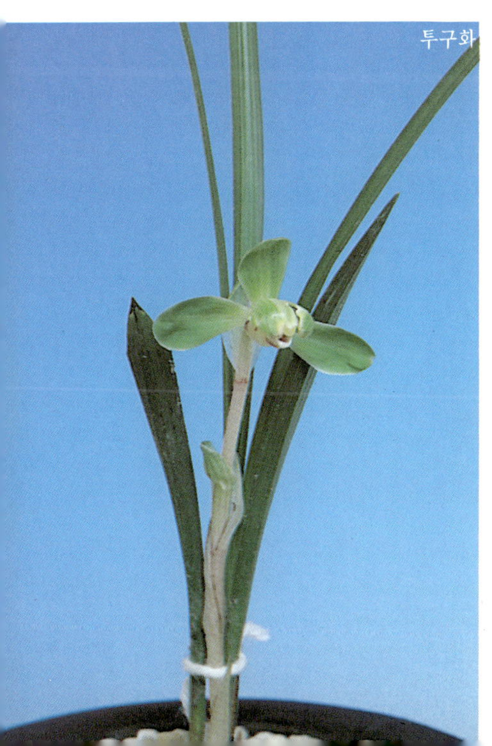
투구화

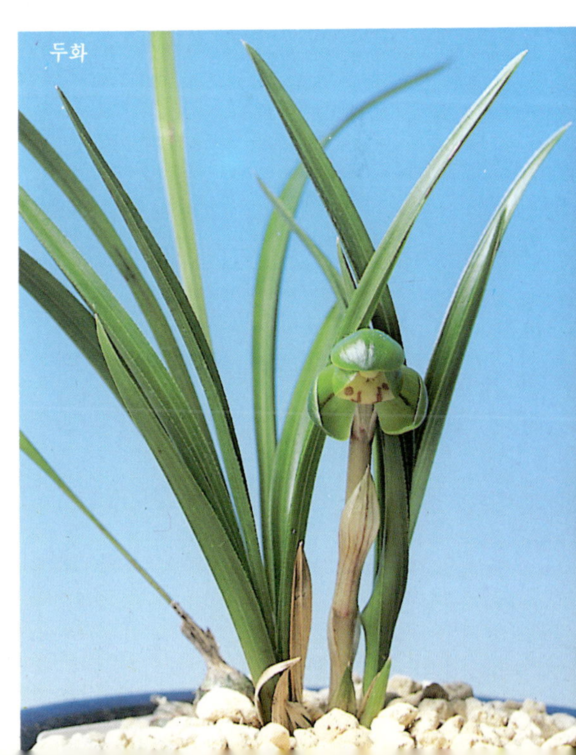
두화

민춘란 자생지에서 흔히 볼 수 있는 품종으로 아무런 변이가 일어나지 않은 상태의 춘란을 말한다.

소심(素心) 꽃대, 포의, 꽃자루, 주·부판, 설판, 봉심 등에 바탕이 된 녹색이나 흰색을 제외하고는 잡색이나 티가 없고 다른 색의 선(線)이 없는 맑은 꽃을 말한다.

매판화(梅瓣花) 매판은 주판과 부판이 둥그스름하여, 외삼판(바깥 꽃잎 3장)이 마치 매화꽃 모양을 하고 있는 꽃이다.

하화판화(荷花瓣花) 연꽃잎처럼 매판 꽃잎보다 덜 둥글고, 수선판보다는 꽃잎 폭이 넓고 긴 원형 꽃잎을 가리킨다. 꽃 모습은 웅대한 느낌을 준다.

수선판화(水仙瓣花) 수선화 꽃잎처럼 바깥 꽃잎 3장의 잎끝이 삼각형의 끝모양이며 꽃잎 중간의 안쪽 또한 가늘어지는 형태의 꽃을 일컫는다.

원판화(圓瓣花) 정상적인 꽃과는 달리 꽃잎의 끝이 둥글고 풍만해 꽃의 중심에서 동심원을 그렸을 때 그 여백이 적은 것으로 꽃지름이 두화보다는 크다.

기화(奇花) 정상적인 형태를 벗어난 꽃으로 주판, 부판 및 봉심과 설판의 형태가 정상적인 것과 다르거나 그 수가 적거나 많아진 것을 말한다.

죽엽판화(竹葉瓣花) 주판, 부판의 폭이 좁고 끝이 뾰족해서 댓잎(竹葉)을 연상시켜 붙여진 이름이다.

투구화(兜花) 봉심에 투구(兜)라 불리는 덩딩이가 붙은 꽃을 가리켜 투구화라 부른다.

두화(豆花) 원예계에선 아주 작은 것에 콩두(豆)자를 붙여 두품이라는 말을 사용하는데 난에서도 아주 작은 꽃을 말한다. 잎이 짧은 단엽종에서 이러한 두화가 보이면 서로 조화가 훌륭해 더욱 그 가치를 높이 친다.

잎의 형태

　한국 춘란은 한 촉당 곧 한 구경에서 약 3 내지 7매의 잎이 나온다. 잎의 길이는 보통 20 내지 50센티미터이고, 폭은 0.5 내지 1.5센티미터로 외떡잎 식물이다. 끝이 뾰족하고 가장자리에 미세한 톱니가 있다.

　잎 가운데에는 엽맥이 있는데 특히 중앙 부분의 것이 제일 굵고, 그 양쪽에도 2줄기의 굵은 엽맥이 있어 잎을 세로로 4등분하고 있다. 떡잎으로 불리는 치마잎은 본잎과 구별되는데 새싹이 가장 먼저 나오는 부분으로 매우 짧다.

　잎은 농록색으로 광택이 나는 것이 주종이며, 잎 표면에는 동그란 기공이 무수히 산재하여 있다.

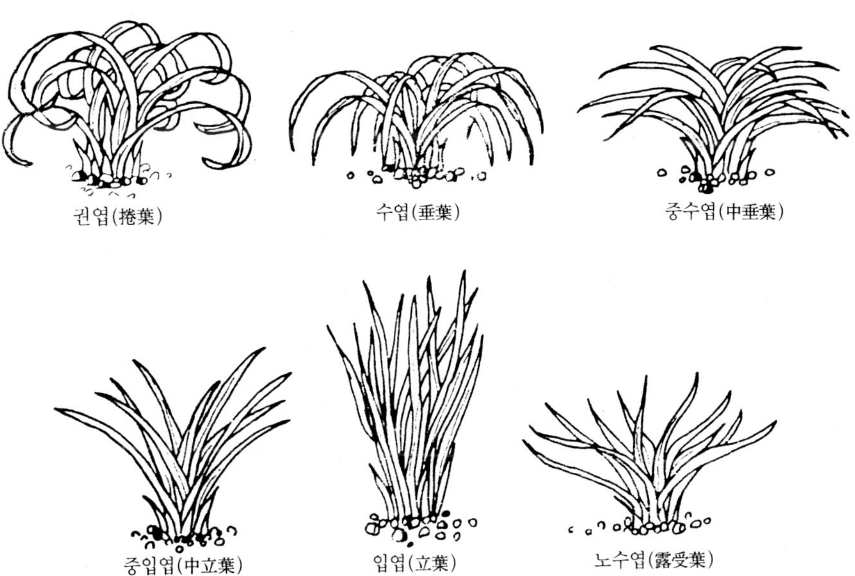

잎의 형태에 따른 분류

벌브의 형태

춘란의 줄기 역할을 하는 벌브는 구근 식물의 구경과 비슷하다고
하여 식물학상 의구경(擬球莖) 또는 가구경(假球莖)이라 불리나
원예적으로 그냥 벌브(bulb)라고 부르고 있다.

벌브 속에는 많은 유관속(維管束;관다발)이 세로로 뻗어 있는
데, 이 관다발을 통하여 뿌리에서의 양분이나 수분을 잎으로 보낸
다. 또한 잎에서 만들어진 당류(糖類)와 식물 호르몬 등을 뿌리로
돌려 보내는 역할도 한다. 벌브는 양분이나 수분의 저장고로 되어
있어서 난의 환경이 좋지 않게 되더라도 양분, 수분의 공급을 해주
기 때문에 제법 오랜 기간 지탱시켜 줄 수 있다. 난은 되도록 구경이
많아서 곧 대주(大株)일수록 배양하기 쉽다는 것은 이러한 이유에서
이다.

뿌리의 형태

춘란(동양란)의 뿌리는 실뿌리가 없고, 묵은 뿌리와 새 뿌리가
같은 굵기로 구경의 마디에서 뻗어 있다. 외관은 유백색의 해면질
(海面質;해면 등의 섬유상 골격을 이루는 유기 식물)로 되어 있다.

뿌리를 잘라 보면 바깥 부분은 여러 층의 근피 세포로 싸여 있고
안쪽은 외피 세포, 다음에 뿌리의 대부분을 형성하고 있는 피층
세포, 그 위에 내피 세포가 한 층 있으며 중앙 부분의 심(芯)이 중심
주(中心柱)가 된다. 이 중심주에 양분과 수분이 이동할 때의 통로가
되는 유관속이 있다. 수분을 저장하여 수분의 보급소가 되며 겨울과
여름의 온도를 단열하는 것이 근피 세포이고, 양분의 공급원이 되는
것이 피층 세포이다.

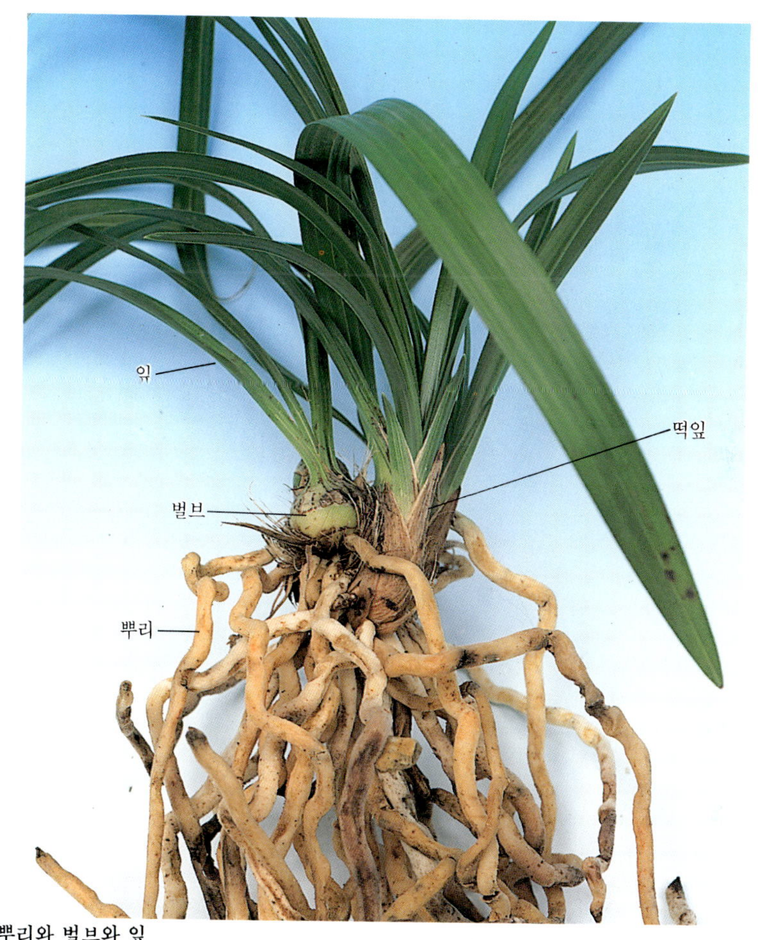

뿌리와 벌브와 잎

춘란을 기른다는 것은 곧 뿌리를 기른다는 것을 의미한다. 난의 뿌리는 호기성으로 특히 산소를 필요로 하기 때문에 통기성이 좋아야 한다.

화예품(花藝品)이란

한국 춘란은 많은 양이 자생지에서 번식되고 있지만 이 가운데에서도 희귀한 꽃과 무늬를 가진 난을 귀하게 여겨 원예화하고 있다. 이 가운데에서도 민춘란과 달리 꽃의 형태나 색이 아름다운 품종을 화예품이라고 하고 잎이 무늬가 특이하게 생긴 난을 엽예품(葉藝品)이라 한다.

화예품은 꽃의 색이나 형태에 따라 분류하는데 소심(素心), 홍화(紅花), 주금화(朱金花), 황화(黃花), 자화(紫花), 복색화(複色花), 산반화(散斑花), 색설화(色舌花), 기화(奇花), 원판화(圓瓣花), 두화(豆花), 투구화(兜花)로 분류된다.

한편 잎에 무늬가 나타나는 품종은 거의가 꽃에도 무늬가 나타나는데 이 무늬에 따라 복륜화(複輪花), 호화(縞花), 중투화(中透花) 등으로 나뉜다. 산반화는 잎과 꽃에 무늬가 나타나나 잎의 무늬는 변하므로 화예품에 넣으며, 잎의 무늬가 없는 무지의 잎에 복륜화나 호화, 중투화가 피었을 때도 화예품으로 넣는다.

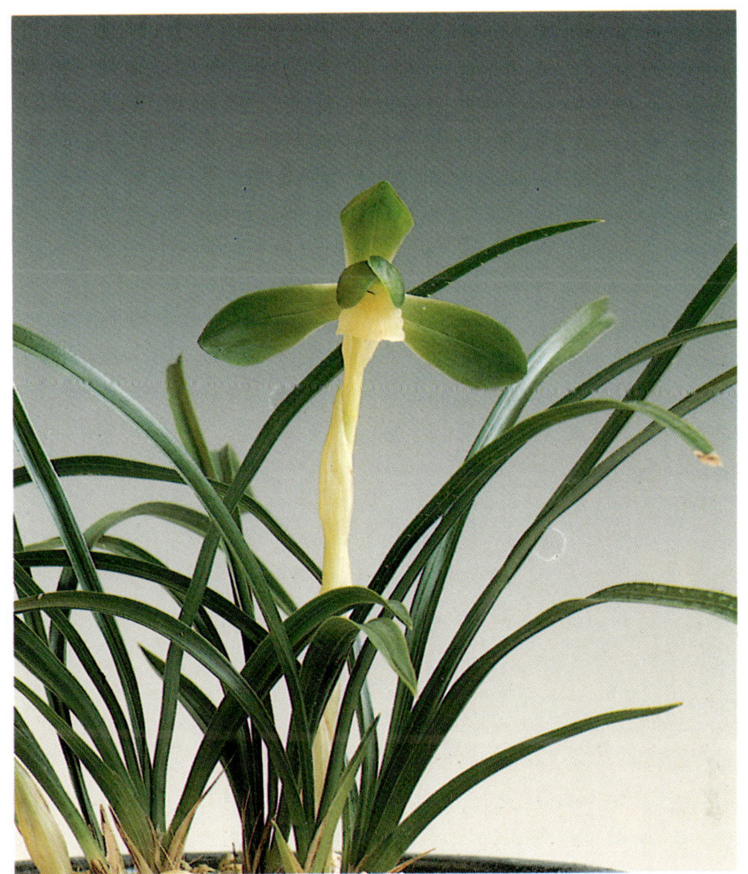

한국 춘란 소심 수미소(秀美素)

소심(素心)

바탕색이 녹색(색화 소심인 경우는 다름)과 흰색을 제외하고는 잡티 하나 없이 깨끗이 피어오른 소심을 보노라면 마음마저 청아해진다. 꽃잎은 물론 꽃대나 포의에까지도 결코 다른 색이 없는 맑고 투명한 깨끗함으로 한껏 애란인의 사랑을 받는다. 소심이 가지는 맑고 깨끗한 성정은 바로 동양인이 전통적으로 추구하는 정신 세계와 잘 부합된다고 할 수 있다. 청정무구의 세계, 오로지 깨끗하게 펼쳐지는 녹백의 높은 품격은 바로 모든 난이 추구하는 바이며 바탕이 된다. 그렇다고 모든 소심이 명품의 예를 갖추는 것은 아니다. 단정한 꽃 자태에 잎과 어울리는 조화를 이루어야 명품의 소심이 되는 것이다.

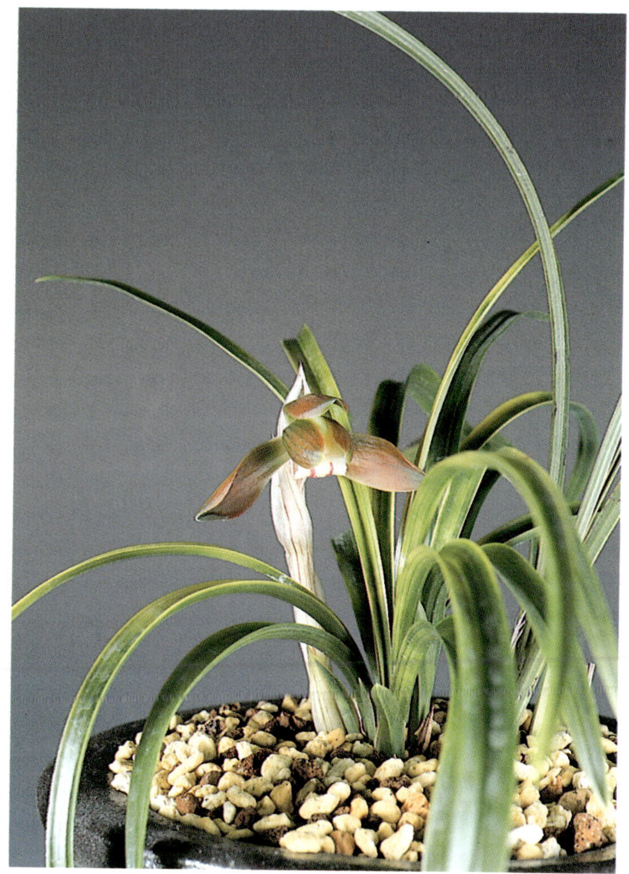

한국 춘란 홍화 일출(日出)

홍화(紅花)

색화 가운데에서 붉은색으로 물드는 것을 적화계(赤花系)라고 부른다. 미세한 차이로
홍적색(紅赤色), 홍등색(紅橙色), 등적색(橙赤色), 농적색(濃赤色), 홍색(紅色) 등의
용어가 사용되는 홍화의 세계는 하나이면서도 다양한 색채미(色彩美)로 애란인들을
사로잡는다. 이러한 색의 다양성과 색채미는 오랜 원예 경험과 깊은 안목을 필요로
한다. 역시 밝고 진한 색상을 우위로 하는데, 드물게 보여지는 홍화는 화려한 아름다
움으로 탄성을 짓게 한다. 전혀 기대하지 않았던 꽃망울에서 멋진 홍화가 피기도
하여 애란인을 설레게 하는 후천성의 명화도 나타난다.

주금화(朱金花)

황화와 홍화의 중간색인 주금화는 흔히 신비의 색으로 불리운다. 곧 황이나 홍의
한 가지가 아닌 두 계열의 색이 녹아든 색을 가리키는 말이다. 그렇기 때문에 붉은가
하면 노란빛이 녹아 있고 노란가 하면 붉은기가 녹아 있는 색으로 주금화의 범위는
상당히 넓고 다양하다. 난꽃에서만 볼 수 있다는 주금화는 특히 우수 품종이 많이
발견되고 있다. 발색이 우수한 주금화는 황색기와 홍색기가 섞여 있어서 맑은 빛으로
나타나는 것을 말한다.

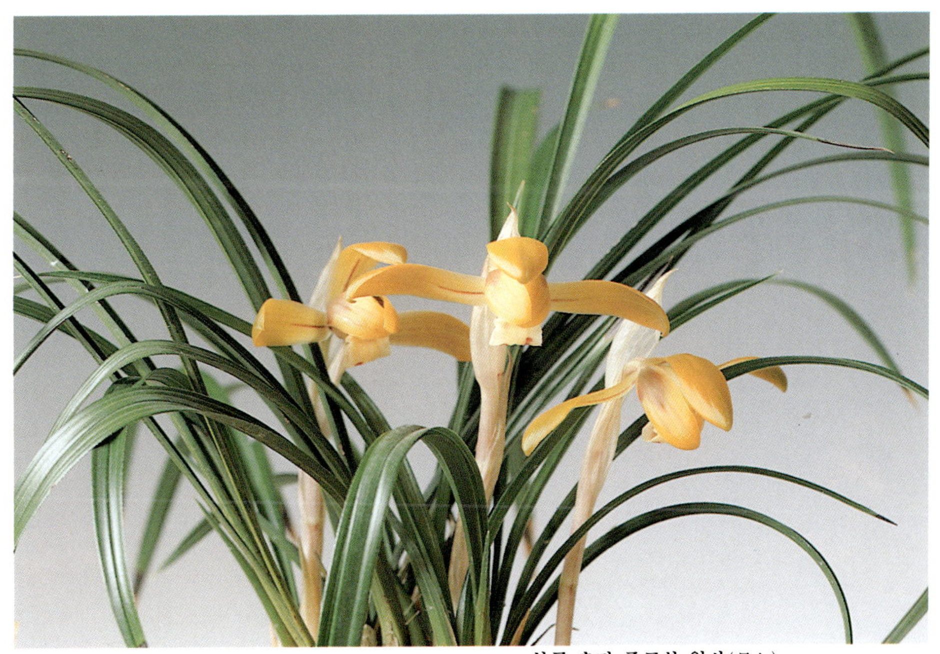

한국 춘란 주금화 월산(月山)

개나리꽃처럼 진한 황색으로 꽃피는 것을 우수 품종으로 보며, 자생지에서 또는 부엽
토 밑에서 월동하고 기온이 갑자기 따뜻하여 핀 민춘란은 황화처럼 연한 노란색으로
피우기 때문에 황화로 착각한다. 그렇기에 짙은 황색으로 물들며 피어오르는 황화는
좀처럼 드물며 그러한 품종을 볼 수 있다는 것은 커다란 즐거움이다. 특히 황화에는
진한 노란색 예를 갖는 품종이 많이 발견되어 더욱 사랑을 받고 있다. 개나리빛이
짙은 발색을 나타내는 것이 감상 가치를 높게 한다.

한국 춘란 황화 항아(姮娥)

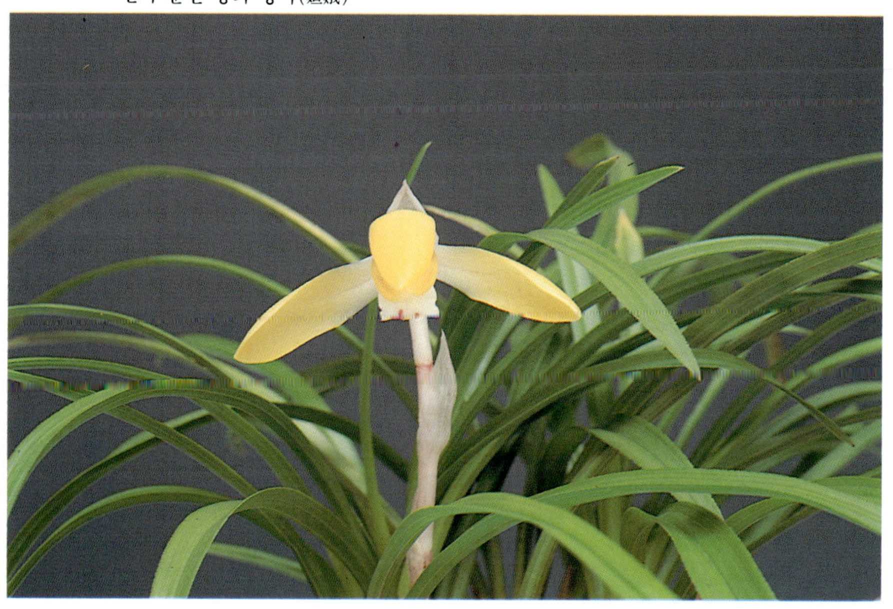

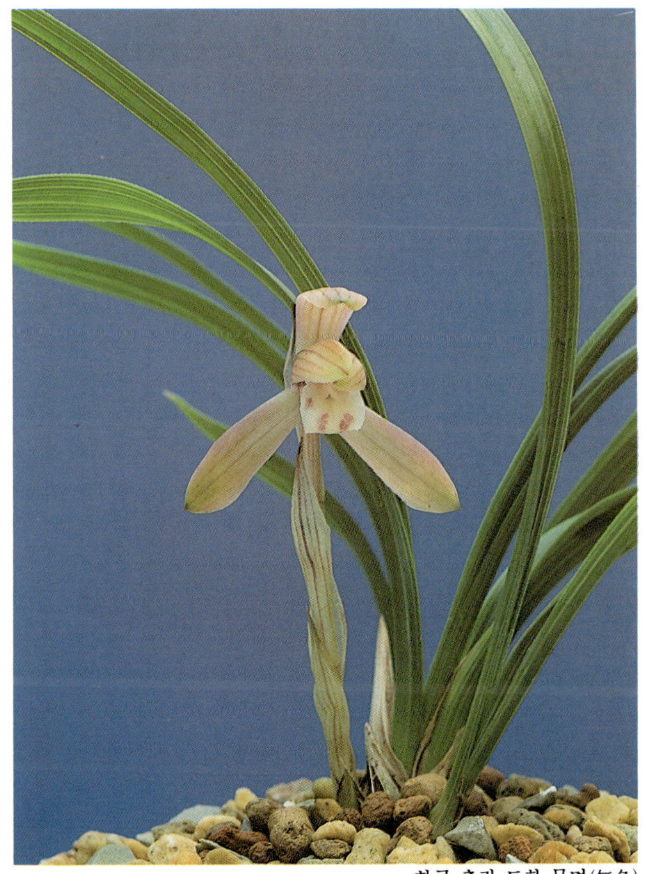

한국 춘란 도화 무명(無名)

도화(桃花)

아름다운 핑크빛이 감도는 도화가 한국 춘란에 나타난다는 것은 반가운 일이 아닐 수 없다. 홍화보다는 흰색이 더욱 많이 가미되었다고 말할 수 있는 도화는 신아(新芽) 때부터 하얗거나 핑크빛이 약간 돌게 되는 아름다운 자태를 보인다. 아직까지 많은 품종이 나오지는 않았지만 해마다 도화의 예를 보이는 품종들이 조금씩 선을 보여 관심을 끌고 있다.

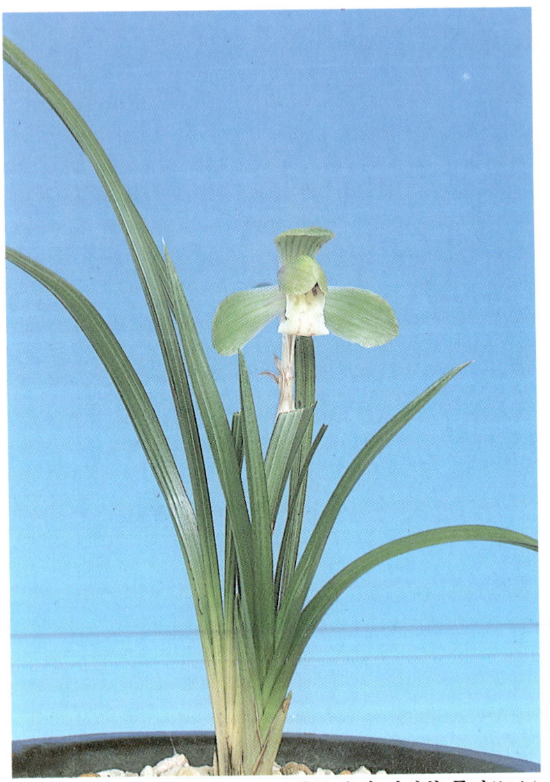

한국 춘란 산반화 무명(無名)

산반화(散斑花)

산반화란 난의 꽃잎에서 산반(散斑)의 무늬가 나타나는 것을 일컫는 말이다. 짧은 선(線)들이 연결되어 있는 산반 무늬가 꽃잎에 나타나, 잎끝에서부터 잎밑으로 무늬가 연결되듯이 잎면에 나타나는 상태이다. 산반화의 가장 큰 단점은 화형에 있다고 할 것이다. 꽃잎에 나타나는 무늬가 선의 연결체로 꽃잎을 변형시킬 수 있으므로, 산반화는 특히 화형이 단정치 못한 경우가 많이 나타나고 있는 것이다. 그러나 최근 들어 좋은 화형을 가진 우품의 산반화가 속속 등장하고 있어 애란인들을 기쁘게 한다. 산반은 잎에 무늬가 나타나기 때문에 엽예품으로 착각하기도 하지만, 이는 엽예품이 아니라 화예의 기대품이기 때문에 화예품에 속한다. 그리고 잎의 무늬는 새싹일 때는 뚜렷하게 보이다가 점점 희미해진다.

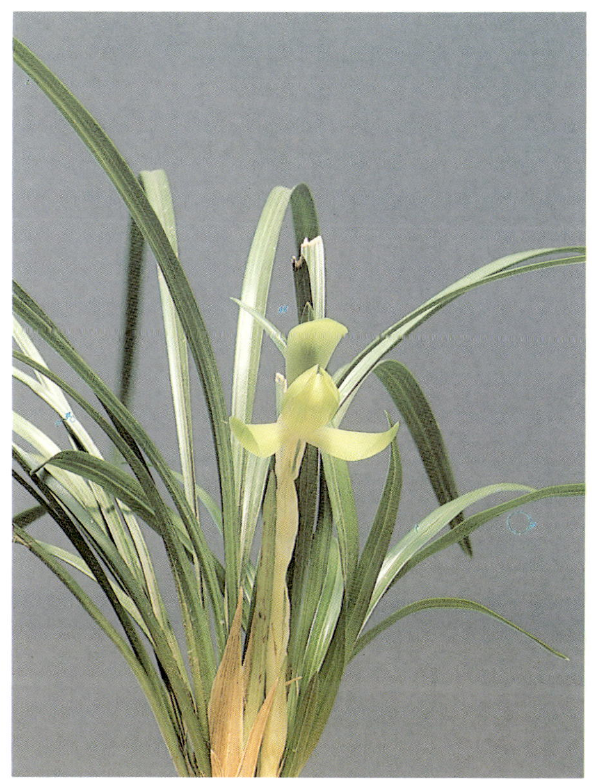

한국 춘란 기화 옥여봉(玉如峰)

기화(奇花)

꽃의 어느 부분이 일반 형태에서 벗어나게 되면 기화가 된다. 곧 꽃잎의 수가 많다거나, 혀(舌瓣)가 아닌 꽃잎이 설판화하거나 혀가 화판화한 상태가 기화인 것이다. 형태가 이상하다고 하여 무조건의 예를 부여하는 경향이 있는데, 명품의 조건은 기화라도 엄격하다. 자태는 비록 기본형에서 어긋난 형태일지라도 단정해야 하며, 좌우동형(左右同形) 등으로 알맞은 균형감이 있어야 한다. 또한 매년 같은 형태의 꽃을 피워야 자격을 받는다. 옥여봉은 기화에서도 소심이다.

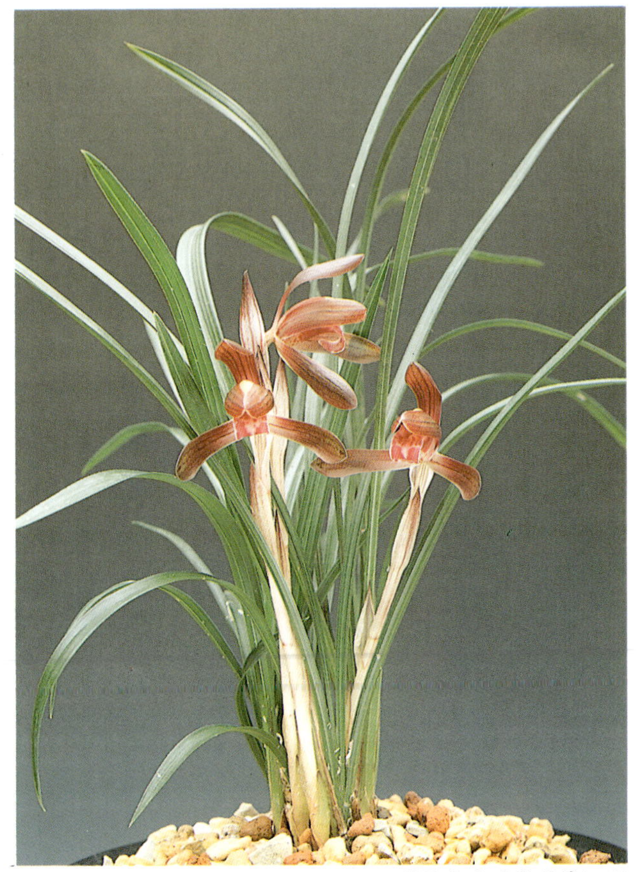

한국 춘란 자화 묵향(墨香)

자화(紫花)

우리가 원예학적으로 자화라 부르는 개체는 엄밀한 의미에서는 자색이라고 할 수는 없다. 홍색의 색소에 엽록소가 어느 정도 이상 들게 되어 검은 기운이 나타나는 것을 자화라 부르고 있다. 시아니딘(Cyanidin)의 색소는 광선을 필요로 하고, 엽록소의 생성은 탁한 발색을 막기 위해 광선을 가급적 억제해야 하는 상반된 색소의 구성으로 자화의 비극으로까지 일컬어진다. 이런 이유로 중국이나 일본 등 다른 춘란에서도 명품은 극히 드물게 나타난다. 그러나 요즘 한국 춘란에 나타나는 자화들은 외국의 것을 능가하여 탁월한 발색을 나타내는 것들이 많다.

복색화(復色花)

복색화란 난꽃의 기본색인 녹색에 황색이나 백색 등의 무늬색이 아닌 다른 두 가지 색 이상의 색이 나타나는 상태를 가리킨다. 곧 홍색의 복륜을 걸쳤거나, 주금색이 잎 가운데를 물들였거나 하여 녹색과 더불어 두 가지 이상의 색이 동시에 꽃잎의 색으로 나타나는 것이다. 주로 홍색계의 색이 나타난다. 복색화는 그 특이성으로 인하여 난꽃 가운데서도 특히 수가 적은 희귀품이다. 명품을 떠나서 자체적으로도 희귀한 품종이다. 또한 대부분 나오는 것은 명품의 요소를 많이 갖는다는 특성도 갖고 있다. 복색화는 잎에 아무 변화가 없는 청무지엽(靑無地葉)에서도 올라오며 감복륜(紺覆輪)을 비롯한 일반 복륜에서도 올라온다.

한국 춘란 복색화 딜무리

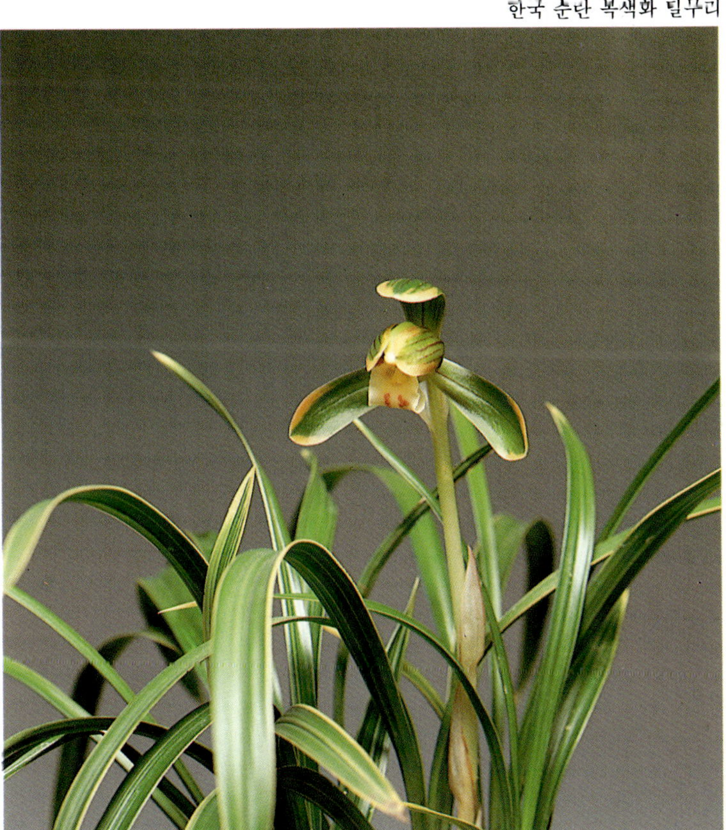

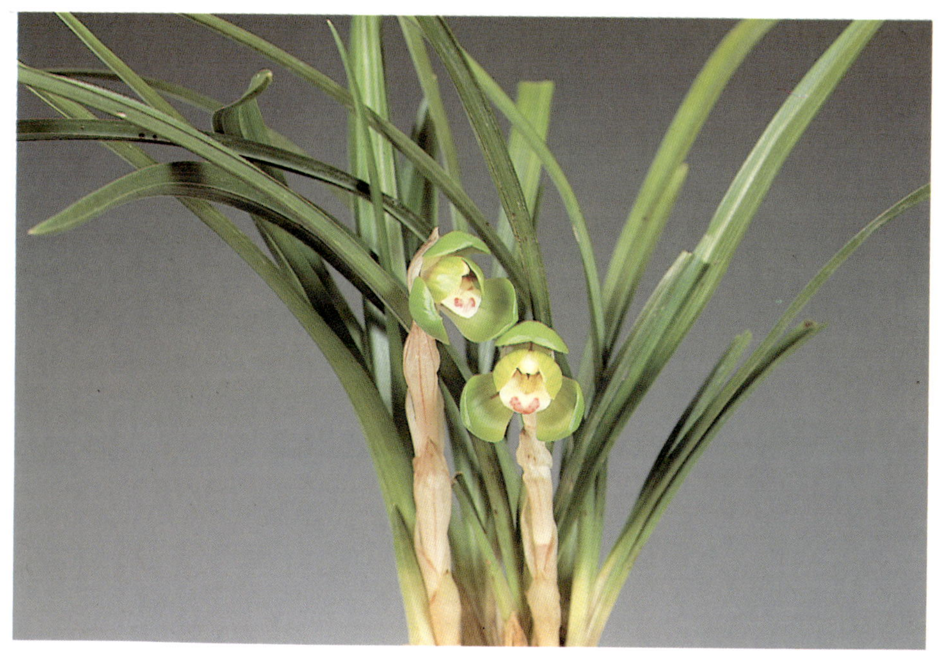

한국 춘란 원판화 무명(無名)

원판화(圓瓣花)

꽃을 그렸을 때 꽃잎이 원 안에 다 들어갈 정도로 둥글고 꽃의 면적이 많이 차지한다. 봉심 또한 원을 그린 듯하고 설판은 후육으로 그 동심원의 안에 들어간다. 원판화의 특징은 화육이 두터워 옥으로 만든 듯이 조형미가 있고 빨리 시들지 않는다는 것이다. 이 원판화만큼 긴장미 있고 풍만한 꽃은 없다.

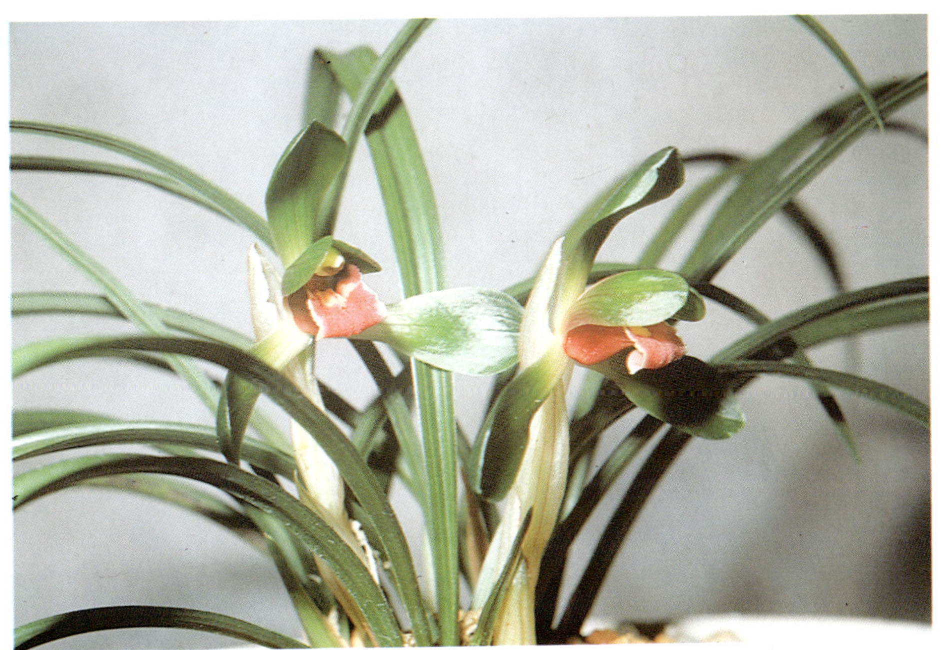

한국 춘란 색설화 아리랑

색설화(色舌花)

설판이 홍색이나 자색 등으로 물들어 있는 품종들을 색설화로 묶는다. 이는 일반 소심의 예를 함께 가져야 하는 주사소와 구별된다. 설판 전면(全面)에 전체적으로 색이 든 것과 백색의 테두리를 두른 유형 등으로 보이고 있다. 또한 전면(前面)에만 색이 들어 있는 것과 전면을 비롯해서 볼에까지 색이 들어 있는 품종도 있다.

또한 앞에서 말한 여러 품종말고도 색화나 무늬화별로 소심이 있어 홍화 소심, 주금화 소심, 황화 소심 등이 있으며 복륜 소심, 호소심, 중투호 소심, 사피 소심 등이 있으나 호피반은 꽃에 안 나타나기 때문에 호피화는 없다.

엽예품(葉藝品)이란

　초록색 잎에 백색, 황색, 백황색 등의 다른 색이 앞에 선(線)으로 나타나는 선상(線狀) 종류와 잎에 무늬로 나타나는 반상(斑狀) 종류가 있다. 곧 잎에 선과 무늬가 나타나 그 품종이 고정되어 있어 감상하기에 좋은 품종을 엽예품이라 하며 그 밖의 잎이 짧은 난도 엽예품에 넣는다.

　한국 춘란의 잎에 나타나는 무늬는 대단히 많다. 그러나 이러한 무늬들이 고정되어서 반드시 원예품이 되는 것은 아니다. 유전적으로 고정이 되어 나타나야 엽예품이라 한다.

　엽예품은 크게 다섯 가지의 형태로 나뉜다. 복륜반(覆輪斑)과 호반(縞斑)은 녹색의 잎에 백, 황색 등이 선상으로 나타나며, 호피반(虎皮斑)과 사피반(蛇皮斑)은 반상으로 나타난다. 이 네 가지의 형태 속에서 다시 많은 형태가 세분화된다. 그 밖에 잎이 짧은 단엽종(短葉種)이 있다.

복륜반

녹색의 잎 가장자리를 따라서 백색, 백황색, 황색 등이 선상으로

나타나는데, 이 무늬는 잎끝에서 잎밑을 향하여 위에서 아래로 들어
가는 무늬의 형태이다.

조(爪) 잎의 끝부분에만 백색으로 무늬가 나타나는 것으로,
잎끝에서 잎밑을 향해서 양쪽으로 짧게 또는 잎의 중앙에까지 가늘
게 나타난다.

복륜(覆輪) 잎끝에서 잎밑을 향해 밑부분까지 길게 내려가는
무늬이다. 가늘고 깊이 들어가는 것을 사복륜(絲覆輪), 넓게 들어가
는 것을 대복륜(大覆輪), 깊게 잎의 밑까지 무늬가 내려간 것을 심복
륜(深覆輪)이라고 부른다. 또한 새깔에 의해서 백색이면 백복륜
(白覆輪), 황색이면 황복륜(黃覆輪), 잎의 안쪽 색보다 짙은 색으로
테두리를 둘렀으면 감복륜(紺覆輪), 녹색으로 둘렀으면 녹복륜(綠覆

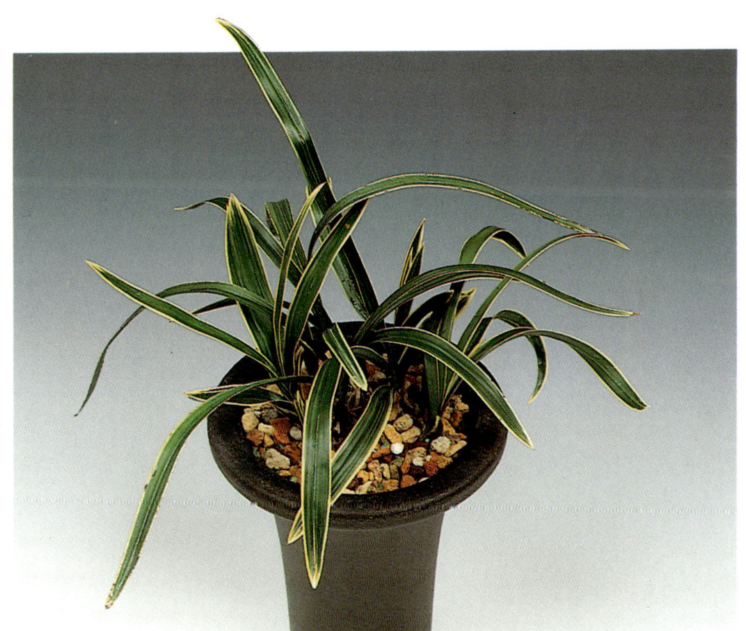

복륜 백색이나 황색이 잎끝에서 잎밑까지 가장자리로 들어간 무늬의 형태이다.

輪) 등으로 부르고 있다.

복륜에 산반(散斑)이나 축입(蹴込) 등의 무늬가 함께 나타나면 산반 복륜(散斑覆輪), 복륜 축입(覆輪蹴込) 등으로 부르고 있다.

잎은 윤기가 있고 넓으며 두텁고, 무늬가 선명하며 아름다워야 좋다. 이 무늬는 새촉이 자라나올 때부터 백색이나 황색이 선명하게 나타나 자라면서도 없어지지 않는 선천성(先天性)인 것과 새촉이 자랄 때는 녹색이지만 점점 무늬색이 나타나는 후천성이 있다. 후천성은 꽃에 무늬가 거의 나타나지 않고 선천성은 꽃에 무늬가 대부분 나타나므로 선천성의 복륜반이 엽예품으로 관상 가치가 높다.

호반

잎의 밑부분에서 잎의 끝을 따라 잎맥과 나란히 직선으로 나타나는 무늬를 총칭하여 호(縞)라고 부른다. 호반은 변화가 심하여서 선천성, 후천성으로 분류되지만 자라면서 녹색으로 변해 버리는 후암성(後暗性)으로 되기도 하며 무늬의 형태에 따라서 명칭들도 대단히 많으며, 빛깔의 명칭을 붙여서도 부르고 있다.

중투(中透) 잎의 끝부분에 녹색의 조 또는 복륜상(覆輪狀)을 남기고 나머지는 잎부분에 무늬를 나타내는 것으로 복륜반과 반대로 된 것을 말한다. 중투는 잎 가운데(葉芯)가 비어 있는 무늬의 상태를 표현하는 말이며 호를 설명하는 용어는 아니다.

중투호(中透縞) 중투호는 잎 가운데가 녹색이 아니고 백, 황색인 호를 말하다. 이 무늬는 잎밑에서 잎끝을 향해서 녹백의 불규칙한 무늬가 내려오는 경우가 있고, 잎 가운데만이 하얗게 들어간 경우 또는 백, 황색의 잎 가운데와 평행하게 잎밑에서부터 호가 올라간 경우도 있다.

중압호(中押縞) 중투 무늬가 들어 있는 상태에서 잎끝 녹색의 모자(帽子)가 잎 중앙을 향해 누르는 듯이 깊게 씌워져 있는 형태의

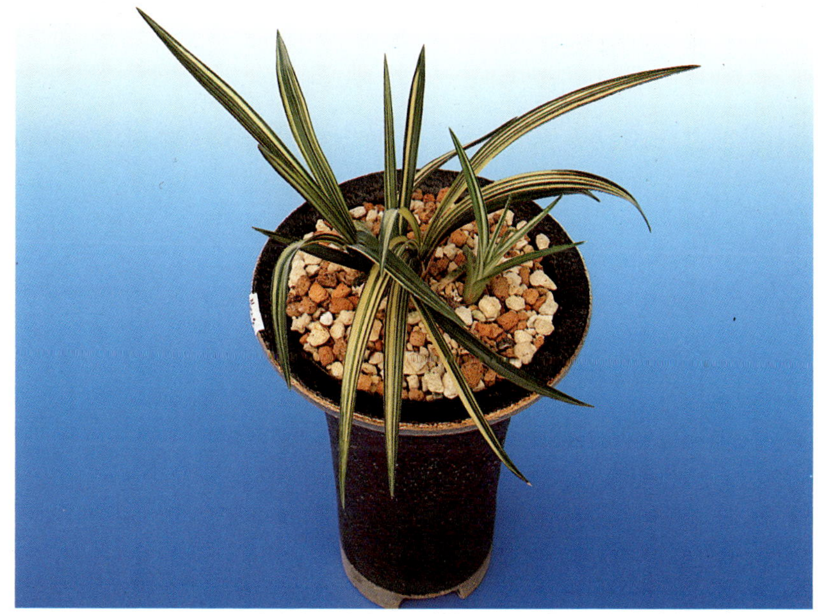

한국 춘란 호 설맥(雪脈)　백색에서 백황색으로 변하는 품종으로, 후육의 잎을 가져 탄력성이 대단하여 선에 힘이 넘치는 품종이다.

무늬. 호에서 최상급으로 여기는 무늬이다.

　호(縞)　잎밑에서 잎끝을 향하여 호가 들어가는 무늬이다. 이 호가 잎끝을 뚫고 나가는 것을 발호(拔縞)라고 부른다. 무늬의 성질 이 변하기 쉬우며 좋은 무늬가 나오는가 하면 녹색으로 변해 버리거 나 유령 비슷한 무늬가 되기도 한다.

　축입(蹴込)　잎끝이 조의 형태를 취하고 잎밑을 향하여 호 모양 으로 백색 또는 황색으로 줄이 드리워진 것을 말한다.

　산반(散斑)　섬세하고 짧은 선들이 호처럼 연결되어 있는 선들의 집합체이다. 하나하나의 호처럼 연결되어 있는 잎끝을 뚫지 않으며 잎밑에도 내려가지 않고, 잎 전체에 모여서 두터운 호와 같이 보이기도 한다.

선반호(先斑縞)　산반이 잎끝에 집중되어 있는 무늬의 상태를 말한다. 잎끝에 반호가 진하게 모여서 잎끝이 하얗게 보이고 녹색이 그 속으로 들어가는 듯하다. 이 무늬는 섬세한 선의 집합이지, 점(點)의 집합은 아니다.

중반(中斑)　잎의 끝은 감조(紺爪)나 감복륜을 걸치고 잎밑으로부터 불규칙하게 계속적인 호 모양의 줄이 몇 줄씩 잎의 바탕색과 섞여서 나타나지만 잎 가운데는 하얗지 않은 무늬를 말한다.

편호(片縞)　잎의 가운데를 경계로 하여 한쪽으로만 호가 기울어져 나오는 것이다. 이러한 호의 반예(斑藝) 가운데에서 고정이 되고 안정이 되어 있는 품종들을 묶어서 호반이라고 하며, 호반은 호 무늬의 총칭적인 분류 명칭이다.

호반은 선천성인 경우와 후천성의 경우가 있는데, 선천성이 우수 품종이 되며 꽃에도 선천성일 경우에 무늬가 나타난다.

호피반

호피반 무늬의 색상은 황백색이나 황색으로 얼룩얼룩하게 굵은 무늬가 잎의 종단과 무늬의 횡단이 마디져서 나타나게 된다. 호피반의 변화는 새촉이 자랄 때 엷은 황록색으로 나타나서 자라면서 없어지는 것과 새촉은 녹색으로 나오지만 자라면서 무늬가 점점 선명하게 나타나는 것으로 나누어진다. 호반 명품은 후천성에서 나온다.

호피를 크게 나누면 절반(切斑)과 도(圖)로 나누며, 절반은 또한 나타나는 무늬의 형태에 따라서 망지(網地), 옥반(玉斑), 복륜의 세 가지로 나누어지고 도는 도와 취설호(吹雪虎)로 분류되고 있다.

맹호(猛虎)　짙은 황색으로 무늬가 명확하게 구분된다. 탁하고 흐린 데가 없는 무늬의 성질을 가진 우수품 호반을 총칭하는 말이다.

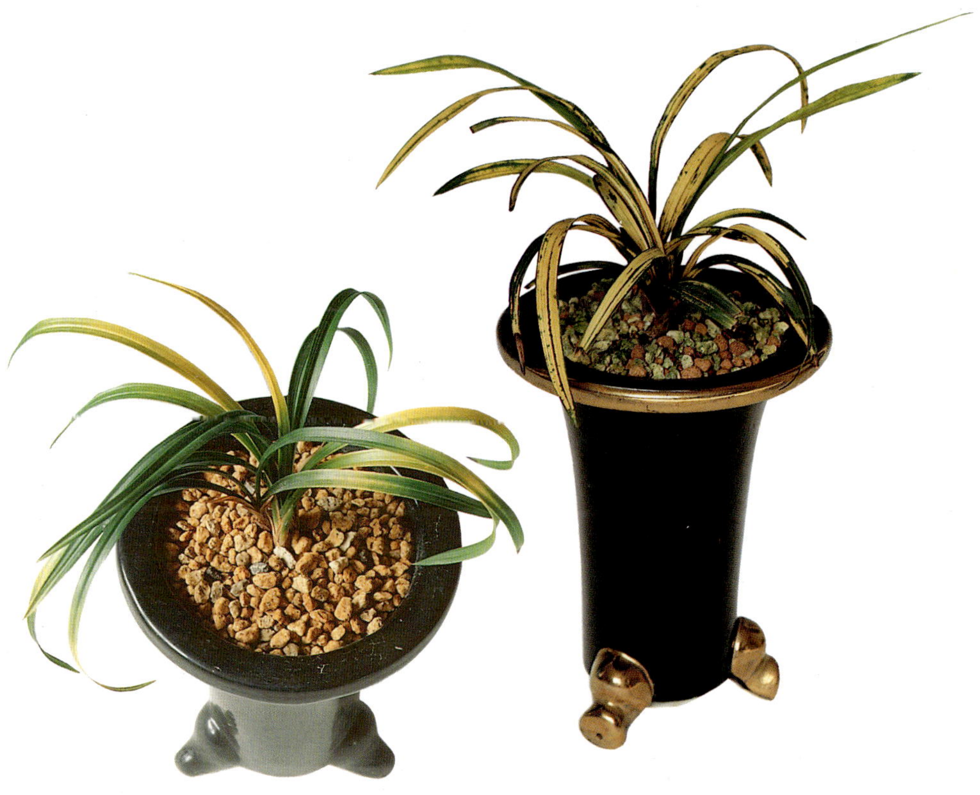

한국 춘란 호피반 만희(晚喜, 위 오른쪽)와 서(曙, 위 왼쪽)

절반(切斑)　무늬와 초록색과의 경계가 뚜렷하고 좌우 한쪽으로 치우치지 않으며 엽맥에 대하여 직각으로 잘라져 있는 호반의 총칭이다.

단절반(段切斑)　절반으로서 이상적인 무늬이며 적당한 간격에 3단 정도의 마디가 져 있는 것이 바람직하다.

시괄(矢筈)　단절의 일종으로서 무늬의 경계가 거의 화살의 날개 모양과 같이 마디가 져 있는 것으로, 엄밀히 보면 호피반의 가운데

엽골(葉骨)이 하나 정도 들어 있어야 한다.

호반은 흐른다고 한다. 흐른다는 것은 무늬의 경계가 뚜렷하지 않고 경사지게 흐르는 것처럼 호가 나타나는 것이다. 무늬의 색상은 백황호(白黃虎), 황호(黃虎), 짙은 황호로 구별되며 일반적으로 선천성은 없어지거나 흐려지기 쉽다. 명품은 후천성에서 많이 나타나므로 배양 방법, 햇빛 등에 의해서 무늬의 마디가 깨끗하게 들 수 있다.

이 밖에 호반에는 넣지 않으나 무늬의 양쪽이 선명하지 않고 부드럽게 흐르는 것은 서(曙)라 부르고 있다. 서는 엽예품이 아니고 우수한 꽃을 기대하는 기대품종이다.

사피반

한국 춘란에 나타나는 사피반은 동양란의 무늬 가운데에서도 매우 독특한 무늬로서 관상 가치가 높고, 황색이나 황백색 바탕의 호반성 무늬 안에 녹색의 작은 점이 무질서하게 나타난다. 사피계는 다음과 같이 크게 분류된다.

전면 사피(全面蛇皮) 잎의 전체적인 면에 넓게 나타나는 무늬.

산반 사피(散斑蛇皮) 잎의 여기저기에 불규칙하게 나타나는 무늬.

단절 사피(段切蛇皮) 잎에 일정한 간격을 두고 나타나는 무늬.

사피반은 새속이 나올 때부터 잎에 백황색이나 백색의 무늬에 녹색의 점을 나타내는 것은 선천성으로 나타나지만, 자라면서 없어지는 후암성도 있으며 그해에 없어지지 않아도 2, 3년 뒤에는 없어지는 경우가 많다. 관상성이 높은 사피는 잎이 두텁고 넓으며 잎의 끝부분이 너무 뾰족하지 않고 색상도 선명하고 녹색의 점이 짙을수록 좋은 사피이다. 그리고 되도록이면 빨리 소멸되지 않고 오랫동안 무늬가 남아 있는 것이 좋다.

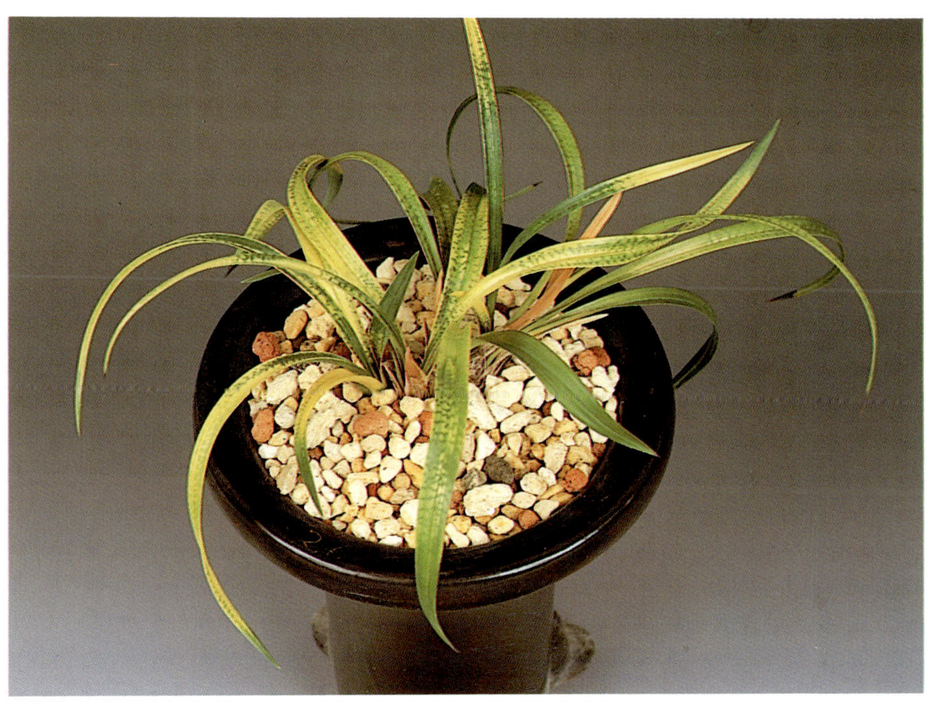

한국 춘란 사피반 여의주· 전면 사피로 잎이 뛰어난 무늬를 가졌다.

단엽종

단엽종은 잎의 길이가 일반적인 잎보다 짧고 육질이 두터운 것을
말한다. 잎이 짧고 두텁게 되면 안정감과 함께 힘을 느낄 수 있다.
또한 잎끝이 둥근 경우 원만함과 함께 부드러움도 함께 느낄 수
있다. 여기에 마대 자루의 거친 표면처럼 라사지가 든 품종이 있어
원예적 가치를 높이고 있다. 또한 단엽에도 예(藝)를 들 수 있는
무늬가 드는 품종이 보인다.

엽예품(葉藝品)의 배양 관리

무늬를 고정시키고 아름다운 색을 내기 위해서는 재배 관리가 필요하다. 적절한 물 주기, 비료 주기, 채광 조절 등이 따라야만 좋은 발색의 고정이 가능하다. 호피반(虎皮斑)에서 무늬가 극히 적은 품종인 경우에는 비료를 주지 않고 태양 광선을 많이 쪼여 주면 무늬에 변화를 줄 수 있다.

호반계(縞斑系)의 경우는 새잎의 생육 과정에서 무늬의 양부(良否)가 좌우되는 것이 많은데, 발아(發芽) 뒤에는 태양 광선을 적게 하고 관수를 좀 많이 하여 약간 웃자란 듯하게 키운다.

새잎의 성장에 따라 무늬가 나타나기 시작하면 오전 11시 이전의 온도는 약한 태양 광선을 쪼여 조절하고, 무늬의 상태에 따라 점차 시간을 늘리거나 단축시키거나 한다. 이 시기의 관수는 좀 적은 듯이 하는 등 그때그때의 무늬 상태를 살피면서 배양해 나가면 선명한 무늬를 기대할 수 있을 것이다.

그해의 기후 등에 의해서 차이는 있지만, 7월 하순에서 8월 상순경에 걸쳐 보통 관리로 되돌아간다. 성하(盛夏)의 시기는 통풍과 채광 등에 중점을 두고 재배를 한다. 이 시기는 한낮의 고온에 견딜

수 있도록 특히 야간의 온도를 내리도록 한다. 낮과 밤의 온도차가 있는 만큼 엽예품의 무늬는 좋아진다.

물 주기

여름철의 물 주기는 저녁나절 전후로 실시하는 것이 좋다. 온도가 높은 한낮에 물을 주었을 때 잎이나 새촉(苗株)의 어느 부분에 물방울이나 수분이 남아 있으면 온도의 급상승과 태양 광선 등에 의해 엽면(葉面)을 상하게 하거나, 새잎을 다갈색(茶褐色)으로 말리거나, 새잎에서 씩에 이르기끼지 다갈색의 흐물흐물한 상태로 변해 버리기 때문이다. 여름철에 있어 고온 때 한낮의 물 주기는 절대 피하도록 한다.

겨울철 물 주기는 여름과 정반대가 된다. 아침 태양이 떠오른 뒤 늦어도 11시 정도까지 물 주기를 끝낸다. 오전중에 물 주기를 하면 저녁 시간까지는 관수에 의해 생긴 물기나 물방울 등이 남지 않으므로 야간의 심한 추위를 약간 방지할 수 있기 때문이다.

물 주기가 재배상에 주는 영향은 상당히 크다. 어떻게 물을 주느냐에 따라 그해의 증식과 자람을 좌우하기 때문이다. ‘물 주기 3년’ 이란 옛말도 있듯이 물 주기는 재배상 어려우면서도 중요한 조건이 된다.

재배상의 입지 조건, 재배 배양토의 종류와 분배, 사용분의 종류와 대소(大小), 배양상의 조건에서부터 어미촉(成株)의 것과 새촉의 것 등 물 주는 방법에도 약간 차이가 있다. 비가 계속 내릴 때는 좀 띄엄띄엄 주고 바람이 계속 불 경우에는 반대로 건조하기 쉬우므로 비교직 자주 주도록 한다.

우천이 계속될 때나 구름이 낀 날이 계속될 때, 맑은 날이 계속될 때 등 계절과 온도에 따라서도 물 주기의 조절이 매우 차이가 있다. 무더운 여름에는 건조하기 쉬우나 분 속은 수분이 충분한 경우

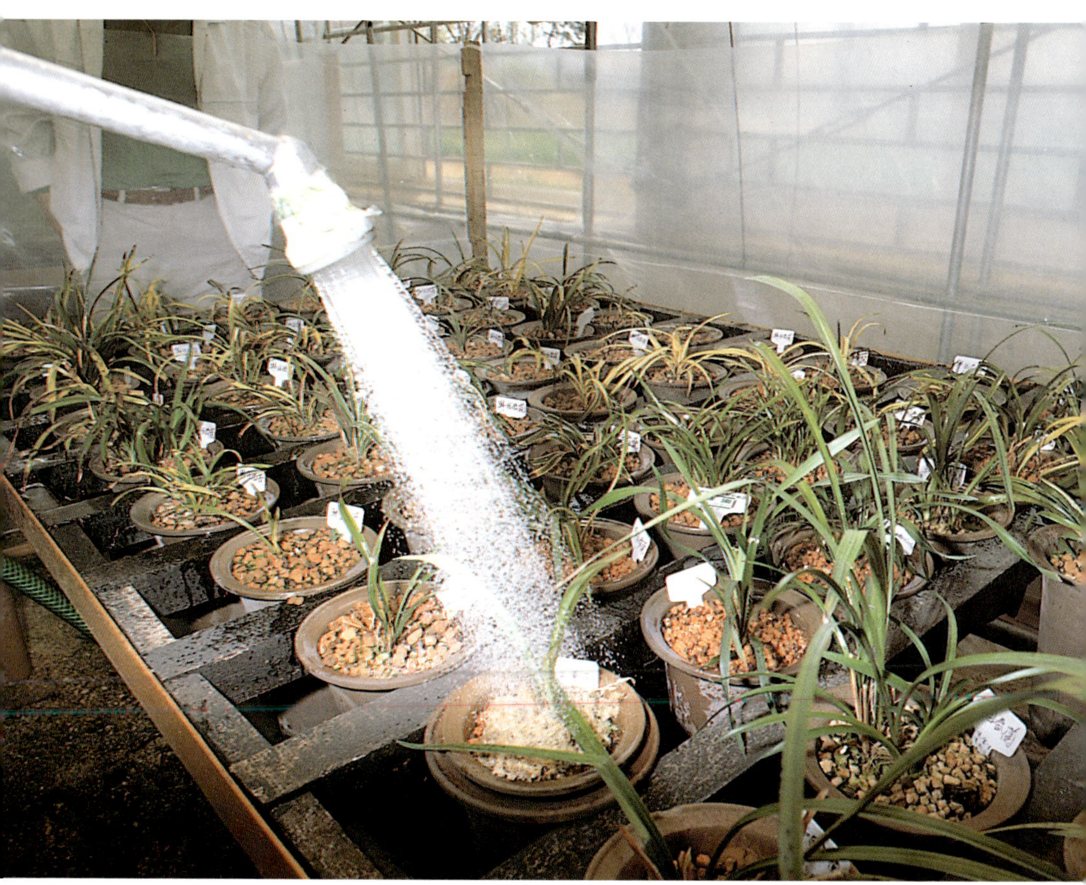

물 주기 물은 위에서 흠뻑 주고 분 밑에서 줄줄 흘러나올 때까지 정성껏 준다.

도 많다.

물 주기의 기준은 약간 건조해 있을 때 충분하게 주는 것이 이상
적이다. 그러나 물 주기는 재배자가 재배의 경험을 토대로 한 가지
씩 깨달아 가는 것이 실제적인 이론이다.

비료 주기

한국 춘란 엽예품계의 품종은 아직은 거의 자연종으로 비료를
줄 때에는 이 점에 주목해야 한다. 그만큼 비료의 흡수력은 적고
시비량도 뒷거름과 맞추어야 함은 물론, 어느 정도가 적당한 시비
(施肥)인지 과비(過肥)인지는 매우 근소한 차이가 있기 때문에 엽예
품의 시비는 상당히 어렵다. 가끔 한 번씩 준 비료가 과비로 실패할
수도 있다.

비료 주기는 항상 포기의 세력에 따라 필요량을 공급해 주어야
한다. 비료의 농도나 양, 비료 주기의 시기와 횟수는 품종의 특성과
난의 포기수에 따라 주는 것이 보통이다.

엽예품에는 화학 비료를 보통의 배율보다 엷게 타서 주는 것이
좋으며 이른 봄부터 여름이 될 때(7월 말경)까지 주는 것이 좋다.
가을에 들어서도 묽게 주는 것이 좋으나 겨울철이 되면 줄인다.
유기질 비료는 화장실 냄새처럼 썩는 냄새가 나는 비료를 주어서는
안 된다. 오히려 해가 되기 때문이다. 유기질 비료는 발효(醱酵)가
되어 냄새가 거의 없거나 달콤한 냄새가 나야 한다. 이것을 분토
위에 3, 4개 얹어 주고 2, 3개월 뒤에는 다른 것으로 바꿔 준다.
가능한 한 소량의 시비로 훌륭한 난을 만들어 낼 수 있는 시비 관리
가 필요하다.

호피반의 발색법(發色法)

왜 호피반이 나오지 않는가

호피반을 잘 발색시키려면 강한 햇빛을 쪼여야만이 가능하다는 것은 누구나 알고 있다. 그러나 빛을 쪼여도 호피반은 나오지 않고 푸른색 잎으로 되는 경험을 한 적은 없는지 그 원인을 생각해 보면 주로 다음과 같다.

1. 잎이 완전히 자라고 나서 햇빛을 쪼이는 경우이다. 호피반 발색은 잎이 채 다 자라지 않았을 때 여름 장마가 끝나고부터 잎 본래의 부분에 강한 빛을 쪼여 주어야 한다. 따라서 싹이 자라 장마 때까지는 약간 어두운 데서 강한 햇볕을 쪼이지 말고 키워야 한다.

2. 햇빛이 약한 늦은 봄이나 장마철에 언뜻언뜻 스치는 강한 햇빛에 쪼이지는 않았는지. 그러는 사이 잎이 자라 견고해지는 것이다. 이렇게 하면 나중에 얼마간 햇빛을 쪼여 주어도 무늬는 잘 나오지 않는다.

3. 싹이 나올 쯤에 밝고 건조한 환경에서 재배하지는 않았는지. 싹은 될 수 있는 한 부드럽게 자라게 하는 것이 호피반을 내기가 쉽다.

4. 질소분을 전혀 함유하고 있지 않은 배양토나 물을 너무 주지 않은 것은 건강한 싹이나 잎을 기대할 수 없으며 호피반을 내기 어려운 원인이 되기도 한다.

호피반을 내는 원칙

1. 춘란의 출아가 빠르면 장마가 끝날 때까지 잎은 거의 다 자라 호피반이 발색되기도 전에 잎이 견고해져 아무리 빛을 쪼여 주어도 호피반은 나오지 않게 된다. 따라서 출아는 늦은 정도가 좋다.

2. 장마철 날씨가 개기도 하고 흐리기도 하는 중에 불충분한 기후

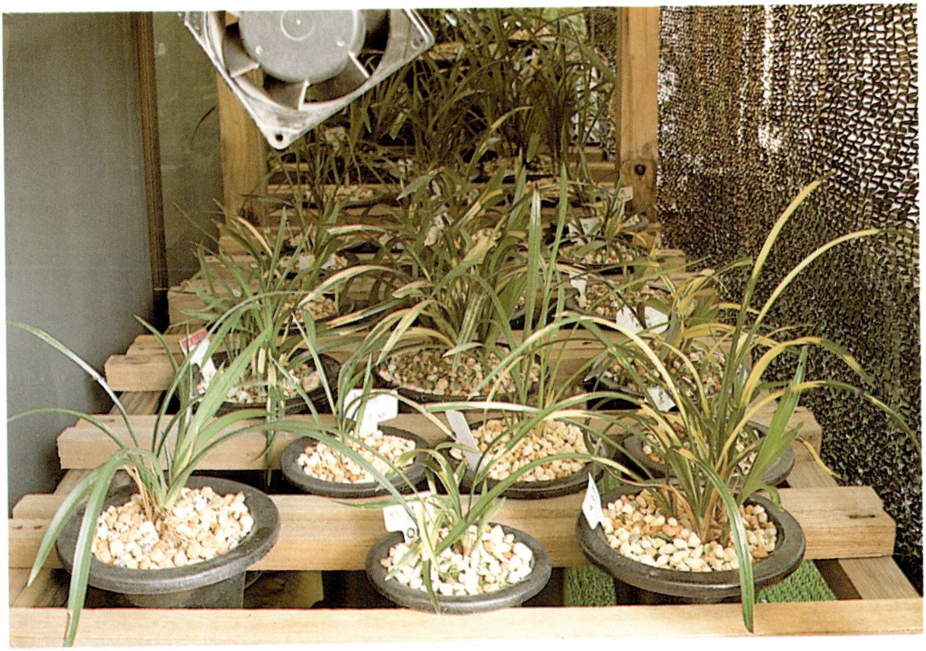

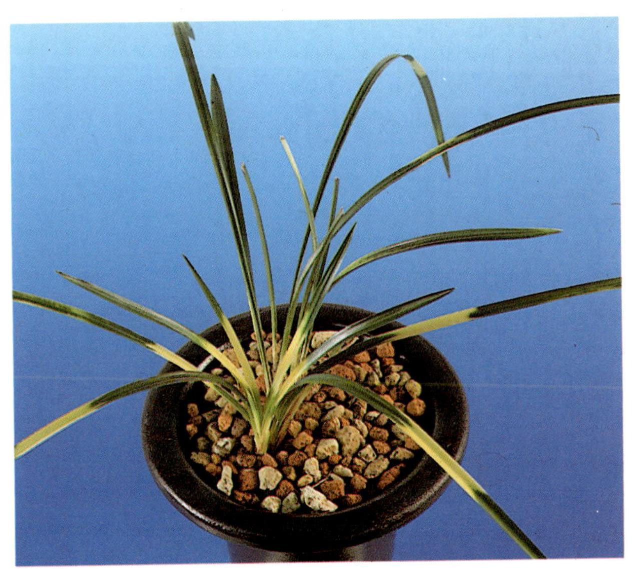

호피반의 발색 위는 호피반 신
아를 자랄 때까지 차광하고 있
는 모습이고, 왼쪽은 뜨거운
햇빛에 소출시켜 발색이 점점
잘 나타나고 있는 호피반이다.

에 잎을 자라지 않게 하기 위해서는 추운 장소에 놓아 두거나, 4월 중순에 이식하거나 그루를 나누기도 하는 등 어떻게 해서든지 출아와 신장을 늦추어야 한다.

3. 무늬와 비료와의 관계에 있어서 자주 비료를 주면 무늬가 안 든다고들 말하지만 그것은 결코 비료에 의한 것은 아니다. 황색의 짙은 아름다운 무늬는 비료 없이는 나오지 않는 것이다. 그러나 너무 질소를 일찍부터 주면 싹의 신장이 빨라져 장마가 갤 때까지 잎이 자라 무늬를 놓치는 원인을 초래한다.

소출(燒出)

난을 직사광선에 쪼여 호피반을 내는 것을 소출이라고 한다. 장마가 개이고 바로 강한 빛을 쪼여 준다.

직사를 종일 쪼여 주면 며칠 뒤에 무늬가 보이게 된다. 여기에서 약한 햇빛에 되돌려 놓아도 무늬를 낼 수가 있다. 그러나 실제로는 흐린 날, 비오는 날도 있으므로 자연히 여러 가지 무늬가 나오는 것이다. 8월 말경 무늬가 아래부터 나온다면 소출은 성공한 것이다. 그렇게 해서 약 1개월 동안 직사광선을 쪼여 주지만 얇은 잎 계통은 잎을 상하게 하므로 소출 시간을 짧게 해준다. 그 사이 무비료로 하면 잎을 상하게 하므로 주의한다.

여름 동안에 햇빛을 종일 쪼인 잎은 완전히 탈색된 모습을 하고 있다. 이것을 원래의 갈대밭 아래로 되돌려 놓으면 늦가을에는 원래의 깨끗한 녹색요로 반드시 돌아오게 된다.

예(藝)의 의미

　지금까지 한국 춘란의 원예화를 하는 가운데 우리가 품종으로서 원예적 가치를 갖는 종류에 대해서 알아보았다. 요약하면 화예품(花藝品)에는 홍화, 주금화, 황화, 자화, 도화, 복색화가 있다. 또한 소심, 산반화, 두화, 원판화, 색설화, 유향종, 투구화, 호화, 복륜화 등이 있다. 엽예품(葉藝品)은 복륜반, 호반, 사피반, 호피반 등을 들 수 있고 단엽종(短葉種)이 있다.

예의 의미

　예의 의미에 대해서 알아보자. 예는 앞에서 언급된 원예적 가치가 있는 품종일 경우에 한해서 예를 부여하는 것이다. 그래서 앞에서 언급된 각각의 원예 가치를 가진 품종 이를테면 소심, 복륜, 주금화 등은 각기 일예(一藝)가 되는 것이다. 여기서 앞에서 언급된 품종들이 한 개체에 두 가지가 함께 나타나면 이예품(二藝品)이 된다. 그러나 복륜이나 호반에서 그 꽃에 같은 무늬가 나타났다 하여 꽃과

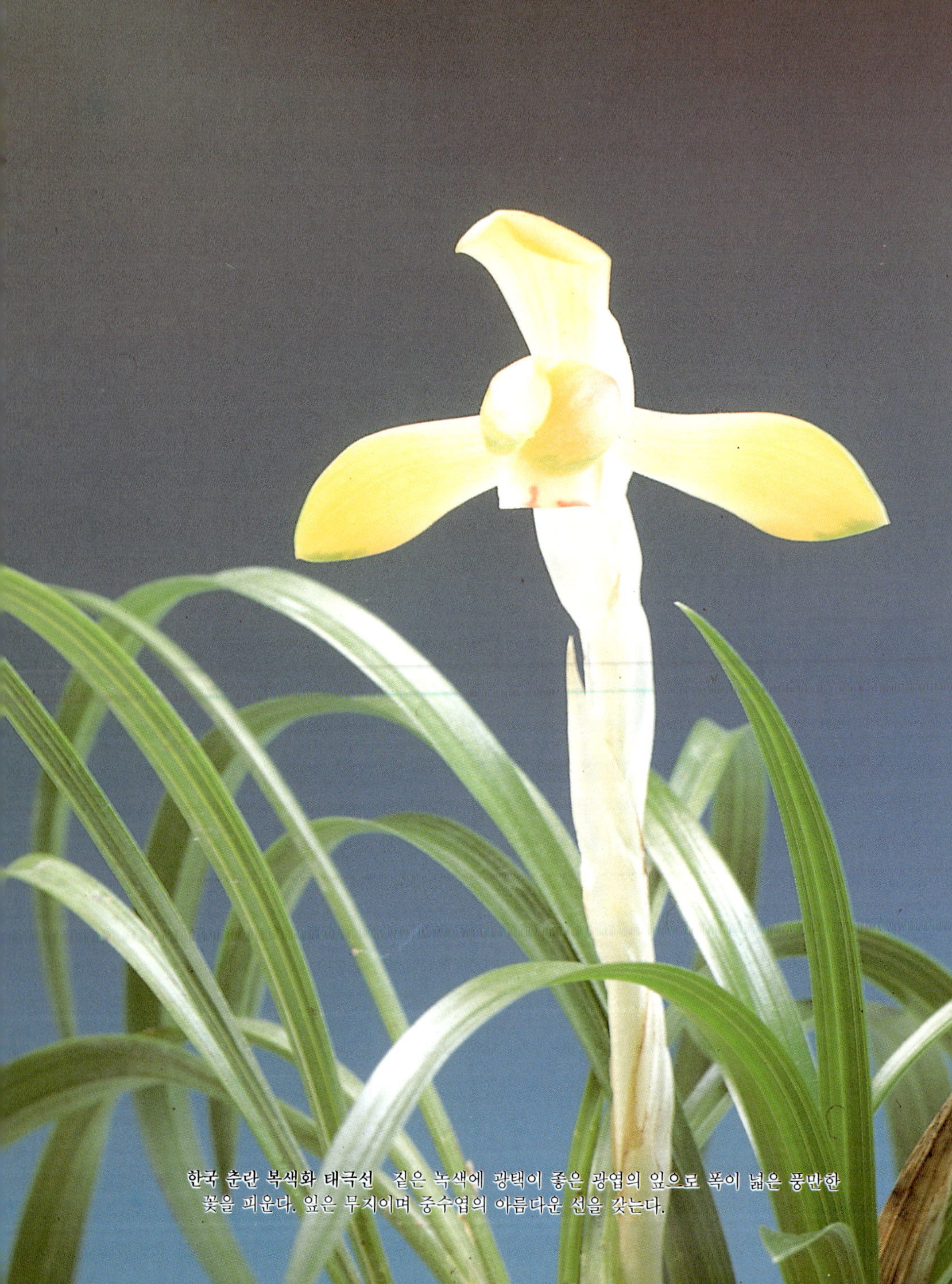

한국 춘란 복색화 태극선 짙은 녹색에 광택이 좋은 광엽의 잎으로 폭이 넓은 풍만한 꽃을 피운다. 잎은 무지이며 중수엽의 아름다운 선을 갖는다.

잎의 무늬를 합쳐 이예라 하지는 않는다. 이는 꽃에 나타나는 무늬는 잎에 나타나는 무늬와 같은 발현이기 때문이다. 또 예를 추가하면서 그 수에 따라 몇 예품이라 할 수 있지만 사실 삼예품을 찾기도 힘들다. 그래서 이 경우에는 다예품이라 부른다.

지상 명명품인 태극선은 화판 가장자리로 녹을 걸치며 피는 호화로서 일예를, 또한 주금색이 호에 첨가되어 이예품이 되는 복색화이다. 이처럼 예의 개념은 난을 보는 새로운 개념으로 감식안을 높이고 난의 격에 맞는 우열을 세울 수 있어 유용한 용어이다. 그러나 이는 어디까지나 원예적 가치를 부여할 수 있는, 곧 위에서 언급된 품종의 난에 한해서 부여할 수 있는 것이지 난에 나타나는 하나의 현상이라 할 수 있는 서(曙)나 산반화를 피우지 못하는 산반의 경우는 예를 부여하지 못한다. 또한 난이 자라면서 잎에서 변화를 보이는데, 이러한 변화 과정에 있는 모든 현상을 합쳐 몇 예니 하는 것은 잘못된 것이다.

이러한 점들을 감안할 때 한국 춘란 원예화의 단계는 어디쯤 와 있는 것일까. 사실 위에서 언급된 품종들은 대부분 선을 보였고 복합적인 예를 줄 수 있는 품종들도 다수 배양되고 있으며, 더 우수한 품종의 등장도 기다려진다.

그리고 이제는 같은 품종이라도 관상성, 배양성, 희귀성을 고려 우수한 품종을 위주로 개발의 방향을 잡아야 하지 않을까 한다. 이는 오랜 재배 경험이 필요하고 감식안이 필요하지만 지금까지 우리 난계가 희귀한 품종을 찾는 데만 관심이 치우친 것은 사실이다. 따라서 품종도 좋지만 우수한 품종을 찾고 배양에 노력하고 증식에 힘써야 될 시점에 와 있는 것이다. 또한 원예적 가치를 지니는 원예 품종의 정확한 이해가 필요하다. 예를 들어 여러 가지 변화 현상을 설명하기 위한 난 용어를 품종을 부여할 수 있는 품종명으로 오인하는 것 등이다. 이 점은 특히 시정되어야 할 것이다.

유향종(有香種)

한국 춘란이 원예화된 배양 역사는 짧지만, 그동안 발견된 품종은 놀랄 만하다. 특히 중국 춘란과는 달리 향기가 미미하다고 알려진 한국 춘란에서 중국 춘란에 버금가는, 오히려 낫다고도 인정받는 난이 발견되어 재배되고 있다.

향이 좋다 하여 유향종이라 불리는 이 종의 발견 사실은 매우 의미있는 일이다. 예부터 동양란의 세 가지 요건이라 하면 잎과 꽃과 향기라 말하여져 왔다. 사시사철 푸르고 광택있는 우아한 잎과 화려하지는 않으나 고상한 아름다움을 주는 꽃의 자태와 신비의 향기는 난을 아취(雅趣)가 넘치는 식물로 격상시키면서 감상해 오는 비결이 되었다.

특히 난의 향기는 어떤 꽃도 따를 수 없는 훌륭한 것으로 '착한 사람과 함께 있으면 지란이 있는 방에 들어간 것과 같다(與善人居 如入芝蘭之室)'라든지 '방향천리(芳香千里)에 흐른다'라는 말이 있을 정도로 은은하고 널리 퍼지는 깊은 맛을 느끼게 하는 것이다. 난이 있는 방에 들어가면 난향을 맡게 된다. 그 방에 오래 있으면 난향을 의식하지 못하게 되겠지만 몸에 배어들어서 결국 난향이 풍길 것이다. 난의 향기는 이처럼 스스로 드러내지 않아도 은근히 파고드는 매력이 일품이다.

양란의 경우는 대개 꽃이 크고 화려한 색채를 가지고 있는 반면 향기가 없고, 석곡이나 풍란과 같이 꽃이 작고 꽃 빛깔도 뚜렷하지 못한 난에는 향기가 있다. 이런 연유로 동양란은 꽃이 화려한 편이 못 되어 향기로 곤충을 불러들이는지도 모른다.

한국 춘란 가운데에서 청향이 나는 유향종은 제주도 한라산에서 발견되고 있는데, 한국 한란(寒蘭) 동자묘와 같이 자생하고 있고 거치가 생기지 않은 어린 싹일 때는 한란과의 구별이 어렵다.

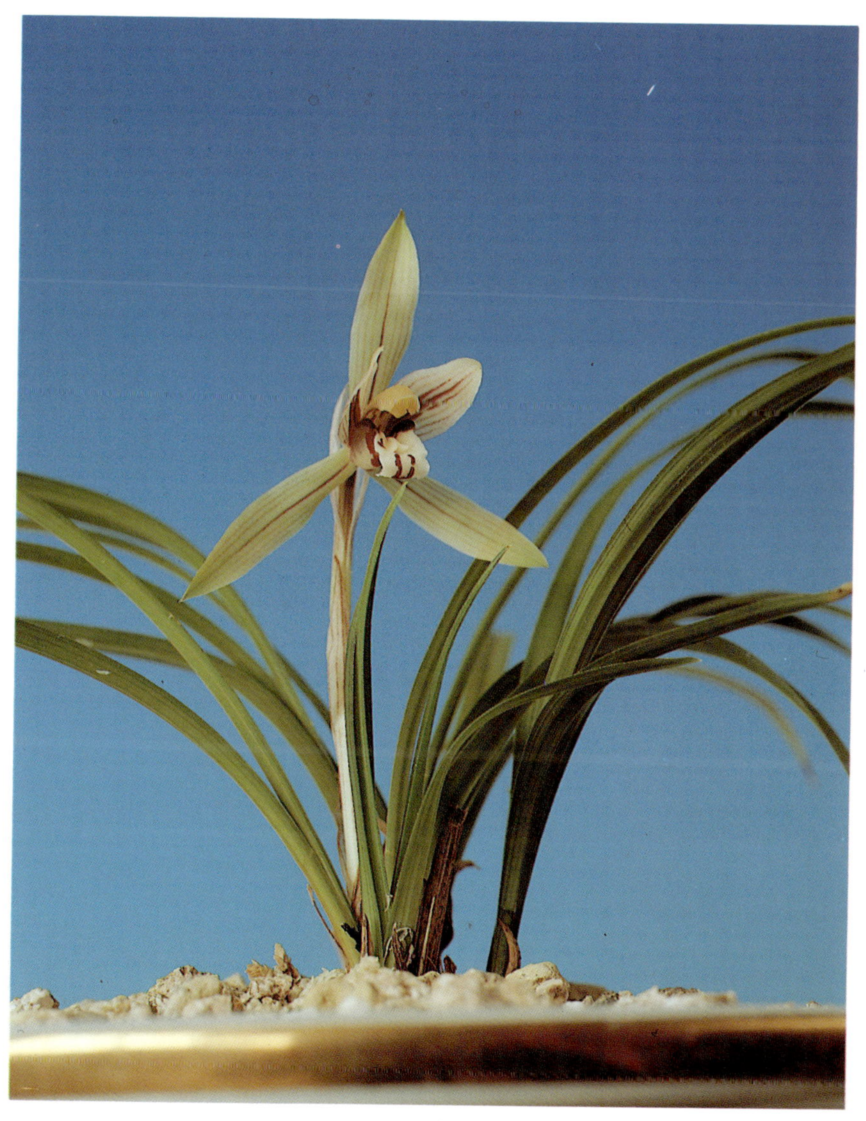

유향종 한국 춘란 가운데에서 향이 나는 유향종은 제주도 한라산에서 발견되고 있는
데, 춘란과 달리 거치가 작아서 어린 싹일 때는 한란과의 구별이 어렵다.

잎 자태가 한란과 흡사한 점이 많으며 대엽성(大葉性)으로 비교적 넓고 윤기가 나며 잎선이 특히 아름답다. 꽃도 보통 춘란과는 자태가 다른데, 대륜의 낙견(洛肩)으로 대부분 청화(青花)이고 꽃잎이 좀 갸름하면서 잎끝이 뾰족한 것이 많다. 대체로 꽃잎의 기부에는 어두운 붉은 보라색 선이 있고 꽃받침의 폭이 좁으며, 순판은 뒤로 말리고 2개의 붉은 보라색 선이 나타나는 것이 많이 있다.

광엽에서부터 세엽까지 발견되는 등 화형과 잎 자태가 다양한 유향종이 발견되고 있다. 유향종은 확실히 정립된 품종이라고 할 수 없으나 계속하여 여러 품종이 발견되고 있는 중이다. 그러므로 유향종은 앞으로 한국 춘란의 커다란 부분을 차지할 것으로 기대를 모으고 있다.

일경구화(一莖九華)

예부터 동방무진란(東方無眞蘭)이다 하여 우리나라에는 향이 좋은 난이 없다는 뜻으로 쓰여 왔다. 그렇지만 한란이 있고 근래에는 유향종 춘란이 소량 발견되었다. 그러나 지금까지 사대부의 기상이라 할 만큼 청향이 고고하고 꽃대 하나에 꽃이 여러 개 달리는 품종인 일경구화는 공식적으로 발표된 적은 없었다.

난의 참의미는 향에서 시작된다. 2500년 전에 공자가 그러했고 우리 선인들이 그러했듯이 난은 그렇게 회자되어 왔다. 그래서 중국 일경구화의 이야기가 나올 때마다 우리는 움츠러들었었다. 그러나 우리나라도 진도와 해남에서 난향이 그윽하고 꽃대 1개에 여러 개의 꽃이 피는 일경구화가 많이 발견되어 배양에 정성을 다하고 있다. 또한 일경구화에도 여러 가지 품종이 나와 다양성을 보여 난 문화국으로서 자랑스럽게 외국에 내놓을 수도 있게 되었다.

발견기

1986년 2월 25일 진도군에서 박홍석 씨가 꽃봉오리가 굵은 난을 발견하여 배양하기 시작하였고, 1986년 3월 10일 해남에서 꽃봉오리가 많은 난을 박홍석 씨가 발견하였다.

그 뒤 1990년 진도의 소중만 여사가 발견하여 그 소문이 나자 진도 사람들이 많이 캐었고 이 난들은 거의가 목포난우회 박소안 회장과 회원들이 배양하고 있다. 품종 또한 꽃대가 녹색인 녹경과 꽃대가 붉은색인 적경 종류와 다양한 품종이 속속들이 나오는 등 좁은 지역에서 나온 난이지만 우리가 기대해도 좋을 만하며, 이 난들을 배양 번식하여 우리들이 애배하고 후손에 물려 주는 작업을 하고 있다.

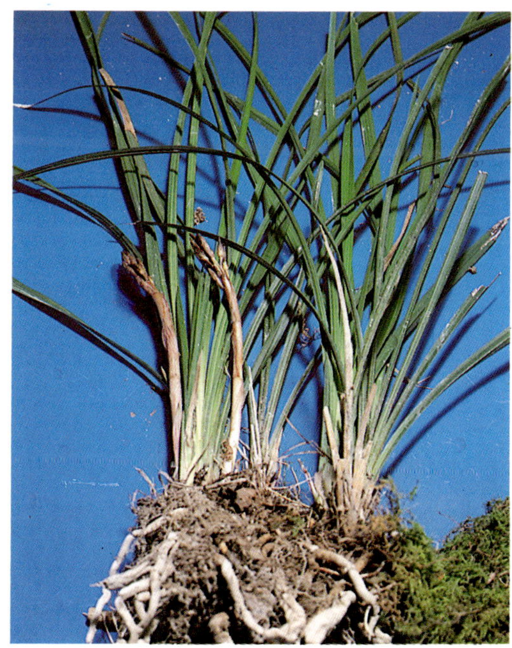

일경구화 꽃대 1개에 여러 개의 꽃이 피는 일경구화는 진도와 해남에서 발견되고 있다. 산채 당시의 일경구화 모습이다.

화아분화(花芽分化)

꽃을 기다리는 마음은 어디에도 비유될 수 없는 인간의 아름다운 심성의 일부가 아닐까. 우아한 꽃의 자태와 함께 애란인들을 무심결에 찾아오는 난꽃. 이는 분명 난을 하는 즐거움과 보람의 극치이다. 오랜 기간이 필요하고 정성이 필요하기에 더욱 그렇다. 꽃을 기다리는 마음은 모든 애란인에게 기대를 갖게 한다. 꽃을 피우려면 꽃눈을 만드는 작업이 필요한데 이것을 화아분화라 한다.

화아분화

화아분화는 꽃눈을 형성시키는 것을 말한다. 자생지에서 자라는 난들은 모든 생리 현상이 순조롭게 이루어지지만 인위적인 환경에서 자라야 하는 난들은 일일이 사람들의 손길을 기다린다. 화아분화는 인위적으로 꽃눈을 형성시키는 행위이다. 그러므로 화아분화의 방법에 대한 전반적인 지식을 가지고 실행함으로써 아름다운 꽃을 볼 수 있게 된다.

　　화아분화가 이루어지기 위해서는 여러 필수 조건들이 있다. 여기
엔 난 자체의 내적 조건들이 있게 마련이고 환경적인 조건들이 있
다. 또한 화아분화는 난에게 고생을 시켜 난의 생존 본능을 자극해
극한적인 상황에서 꽃눈을 올리게 하는 인위적인 조치이다. 그 방법
은 다음과 같다.

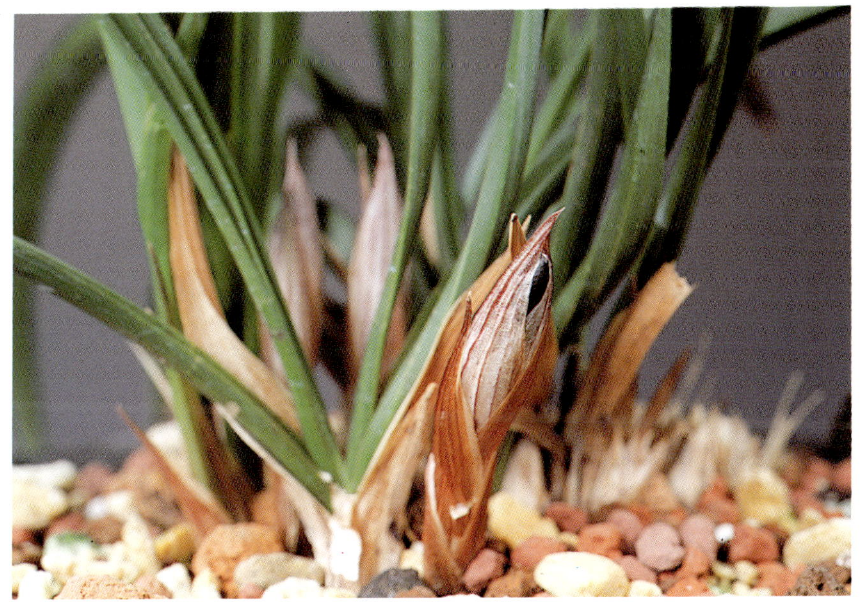

화아분화　인위적으로 꽃눈을 형성시키는 화아분화는 꽃을 보려는 데 목적이 있다.
　사진의 꽃은 자화처럼 보이나 적화 꽃망울이다.

춘란의 화아분화 시기는 7월 말경이 적당하다. 곧 장마가 끝난 뒤 곧바로 실시하는 것이 좋은데, 이 시기는 장마 기간 동안 다습한 환경에서 자라다가 날씨가 맑아지면서 습도도 떨어지고 온도도 상승해 화아분화의 적기인 것이다. 이 시기 1주일 정도 단수를 하고 오전 햇빛을 많이 쪼여 줌으로써 화아분화를 유도하는 것이다.

화아분화를 마친 난들은 분의 이동에도 자극을 받아 민감한 반응을 보인다. 그러므로 세심한 관리가 필요한데, 특히 겨울을 보내야 하는 꽃망울의 관리는 주의를 요한다. 춘란은 겨울에는 상당히 차게 관리해야 한다. 곧 섭씨 2도에서 10도 정도로 해 충분한 휴면을 시킨다.

화아분화를 실시해도 꽃대가 형성되지 않는 것도 있다. 이것은 새촉 또는 노촉만으로 이루어진 경우거나 아니면 햇빛의 부족과 심어진 촉수에 비해 분이 지나치게 크기 때문이다. 분내의 습도가 높게 되면 성장만을 하는 까닭이다. 이러한 원인이 아닐 경우는 한 번 더 화아분화를 해도 되는데, 1주일 정도 일반 관리 뒤 다시 화아분회에 들이기면 된다.

색화발색(色花發色)

난은 최상의 조건인 자생지를 떠나서 가정에서 배양된다고 하더라도 난에게 적합한 조건만 갖추어 유지시켜 준다면 별 무리 없이 포기수도 증가하고 건강하게 성장한다. 그러나 꽃을 보는 것은 결코 쉬운 일이 아니며, 더군다나 색화를 아름답게 발색시키기란 어려운 일이다. 흔히 색화의 색소(色素)는 햇빛과 온도, 비료 등과 불가분의 관계를 가지고 있다고 한다. 이들 환경 요인이 각 색소의 성질에 어떠한 작용을 하는지를 살펴본다.

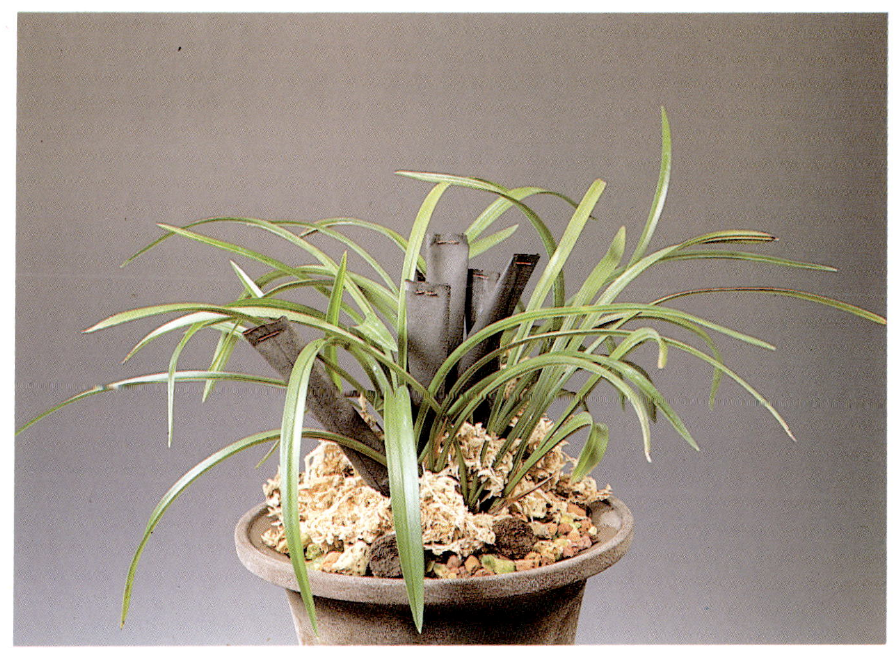

색화발색　색화를 아름답게 발색시키려고 화통을 씌워 주었다.

적화계(赤花系)

적화계에는 홍화(紅花)와 주금화(朱金花)가 속한다. 카로티노이드계(carotenoid)와 플라보노이드(flavonoid)의 안토시아니딘(anto-cyanidin) 가운데 시아니딘이 적화계의 주색소이다. 꽃의 표층 세포에 액체 상태로 녹아 있어 빛을 받아야만 생합성이 가능한 시아니딘은 산도(pH)에 의해 안정성 여부가 나타난다. 곧 산성에서는 시아니딘 본래의 역할인 적화의 색소가 많이 드러난다.

또한 적화계는 클로로필(chlorophyll)이라는 엽록소를 소량 포함하고 있다. 모든 색화에 있어서 엽록소는 일정량보다 많을 때 화색을 탁하게 만들고 발색이 불안정하게 된다. 그러므로 적화계를 부드럽고 선명한 화색으로 피우려면 엽록소의 증가를 가능한 억제하는 것이 좋다.

엽록소 억제책은 엽록소의 속성을 이용하면 된다. 섭씨 5도 이하로 떨어지는 저온이나 강광(强光) 아래에서는 심하게 파괴된다. 적화발색을 위해 화통(花筒)을 씌워 엽록소의 생성을 막는다. 그러나 이 방법만으로 모두 아름다운 화색이 나타나는 것은 아니다. 왜냐하면 색소 구성상 햇빛을 받아야만 발색이 가능한 색소가 적화의 인자를 이루고 있다는 모순된 조건이 필요하기 때문이다.

따라서 근래에는 단순히 차광을 한다는 생각에서 벗어나 화색을 좋게 하기 위해 차광을 하되 일찍 벗겨 주는 방법을 취한다. 곧 아름다운 화색을 위해 언제 화통을 씌우고, 언제 벗겨 내어 얼마 만큼의 햇빛을 받게 할 것인가를 연구하게 된 것이다.

화통은 공기 유통이 좋은 지대나 화선지 등을 이용하는 것이 바람직하며 2월 중순경에는 벗긴다. 화통을 벗긴 뒤 강광이나 고온은 꽃망울에 악영향을 끼치니 주의하여 서서히 피워 낸다.

황화(黃花)

발색이 어렵고 고정성이 약해 자생지를 떠나 인공적으로 배양하면 색화를 피우기가 힘들게 인식되던 황화가 황화다운 황화의 발견으로 애란인들에게 널리 배양되고 있다.

황화를 구별하는 것은 쉬운 일이 아니다. 특히 초님사나 색화세의 정확한 성질을 파악하지 못한 경우는 더욱 그렇다. 자생지에서는 분명히 황화였는데, 배양해서 꽃을 피우니 녹화가 되는 예가 많다.

우리가 흔히 발견할 수 있는 황화는 광량이 극히 적은 자생지이거나 극단적으로 햇빛이 강하게 내리쬐는 장소이다. 또한 낙엽이나 부엽토로 덮여 있는 곳에서도 발견할 수 있다. 강광이 내리쬐는 곳은 자외선이 엽록소를 파괴하므로 일시적인 황화가 나오고, 낙엽 및 부엽토에 묻힌 경우는 미처 햇빛을 받지 못한 채 꽃이 피어나기 때문이다.

이같은 현상은 엽록소와 카로티노이드의 색소 가운데에서 자생 환경에 의해 카로티노이드 색소가 일시적으로 증가하면서 훌륭한 황색을 띠게 되는 것이다. 그러나 자생 환경에서 우발적으로 발색된 급성의 황화는 환경이 변하면 녹화로 변해 버린다.

급성의 환경과는 달리 성질이나 특성이 명품의 조건을 갖추고 있는 황화가 있다. 황회다운 황화 곧 본성의 황화라 불리는 것이다. 급성의 황화와 구별할 수 있는 조건은 무엇일까. 본성의 황화가 되려면 첫째, 누가 보더라도 한눈에 정말 노랗고 아름답다고 공감할 수 있는 황색이어야 한다. 둘째, 시간이 흐를수록 황색의 농도가 짙어지고 주금색의 인상으로 느껴지지 않는 것이어야 한다. 셋째, 배양장의 환경이나 차광 연구와는 상관없이 매년 황색의 꽃을 피우는 선천적인 자질을 가지고 있어야 한다. 넷째, 유전적으로 엽록소의 생성 능력이 부족하여 꽃봉오리가 터질 때부터 일관되게 녹(綠)이 들지 않아야 한다.

황화의 발색은 햇빛 관리에 따라 틀려진다. 휴면기에는 화통을 씌워 햇빛이 차단되는 곳에서 동면시킨다. 그러다가 2월 중순경에 화통을 제거하고 햇빛은 부드러운 아침 햇빛을 2, 3시간 쪼여 준다.

자화(紫花)

모든 자화가 명품이 되려면 본래의 충분한 발색 성질 곧 유전 인자를 가져 대대로 전해지는 안정성을 지녀야 한다. 그러나 자화는 색소의 구성이 불리해서 발색 고정이 힘들다. 자화의 자주색은 감상 면에서 볼 때 이중의 색을 낸다. 자화 색소의 모체는 적화계의 모체이다. 이것이 적화처럼 발색되지 않고 흑자색으로 나타나는 이유는 적화보다 시아니딘의 함량이 많고 엽록소가 관여하고 있기 때문이다.

자화의 발색을 위한 배양법은 적화와 같이 한다. 특히 광선과 색소의 균형은 자화에 있어 중요하다. 빛이 있으므로 시아니딘의 형성이 가능해진다. 따라서 차광하면 거의 발색이 불가능해진다. 흑자색을 내는 데에는 엽록소가 관여하지만 과다 노출이 되면 보기에도 흉할 뿐만 아니라 꽃잎의 끝이나 안쪽에만 발색되는 경우가 많다. 자화 발색이 어려운 이유가 여기에 있다. 햇빛을 받아야만 시아니딘이 형성되는 반면 엽록소의 증진을 억제하기가 어렵기 때문이다. 한 가지 배양법으로 동시에 두 가지의 과제를 해결해야 하는 어려움이 바로 자화의 명품수가 적은 이유이다.

좋은 꽃을 피우기 위해서는 꽃잎의 발색 시기인 11월에 온도 관리를 잘해 주어야 한다. 발색을 위한 겨울철 온도 관리는 꽃봉오리의 엽록소 생성을 억제하고, 충분히 휴면에 들도록 조절해 주는 것을 의미한다. 될 수 있는 한 자연 온도에 가깝게 저온 처리한다.

온도가 높으면 화색이 흐트러질 뿐만 아니라 꽃 모양도 정상적으로 피지 않는다. 그 이유는 휴면기인데 난들이 고온인 까닭에 생육기인 줄 알고 호흡 작용이 일어나 영양 소모가 많아진다. 지나친 영양 소모는 색소 형성을 제대로 이루지 못하게 한다.

겨울철의 꽃망울 관리는 적절한 습도 유지와 저온이 서로 균형을 이루는 환경 조성에 중점을 둔다. 12월에서 1월의 아침에는 섭씨 2도에서 10도 정도로 유지해 준다. 너무 높은 실내 온도로 습도가 상대적으로 낮아지므로 포의와 꽃망울이 마르게 된다. 특히 초보자나 난실이 없이 거실 등에서 재배하는 경우는 실내 온도가 낮아 자칫 꽃봉오리가 얼어 버린다거나 냉해를 입을 위험이 있다. 가능한 한 햇빛을 차단함으로써 완전한 휴면을 취하도록 조치해 주고, 낮과 밤의 격심한 온도차를 줄여 나가야 한다. 지나친 온도 상승을 막기 위하여 한낮에는 난실의 천창과 측창을 열어 통풍, 환기를 시켜 주거나 물을 받아 놓는다.

한편 개화할 시기인데도 화경(花莖)이 조금도 뻗지 않은 채 꽃을 피워 버린 난들이 있다. 적절한 저온 유지로 겨울을 나지 못했을 때 나타나는 결과이다.

일반적으로 꽃망울이 있는 난은 질소 비료를 주지 말라고 한다. 색화는 질소 비료를 주는 것이 문제가 되는데 그 이유는 생육을 위해서 반드시 필요한 질소기 엽록소를 생성시켜 화색을 탁하게 만들고 불안정한 발색을 가져오기 때문이다. 실제로 적화의 경우 질소는 엽록소를 만드는 데 필수불가결한 영양 요소이지만 발색에는 안 좋은 요인이 된다.

그러나 휴면기를 마치고 점차 활동을 시작하는 2월 하순이 되면 영양 공급을 해주는 것이 좋다. 이때는 하이포넥스 3,000배액이나 메네델 200배액을 10일 간격으로 관수할 때에 준다.

일반적으로 겨울철이 되면 휴면기이므로 물 주는 횟수가 매우 줄어든다. 아파트나 가온을 하는 난실에서는 분토가 쉽게 마른다고 물을 자주 주는 경향이 있는데 이는 반드시 꽃대를 상하게 한다. 물 주기의 간격은 관수와 관수 사이를 넓게 잡는다. 이때 주의할 점은 꽃대가 마르지는 않았는지 가끔 화통을 벗겨 관찰해야 한다.

색화발색을 위한 꽃봉오리의 겨울나기

한 송이의 꽃을 피우기 위하여 7개월에서 8개월을 견디며 기다려야 하는 춘란은 인내의 식물이다. 특히 내년 봄에 좋은 꽃을 맞이하기 위해 추운 겨울을 잘 보내는 배양 관리가 어려운 것은 말할 나위

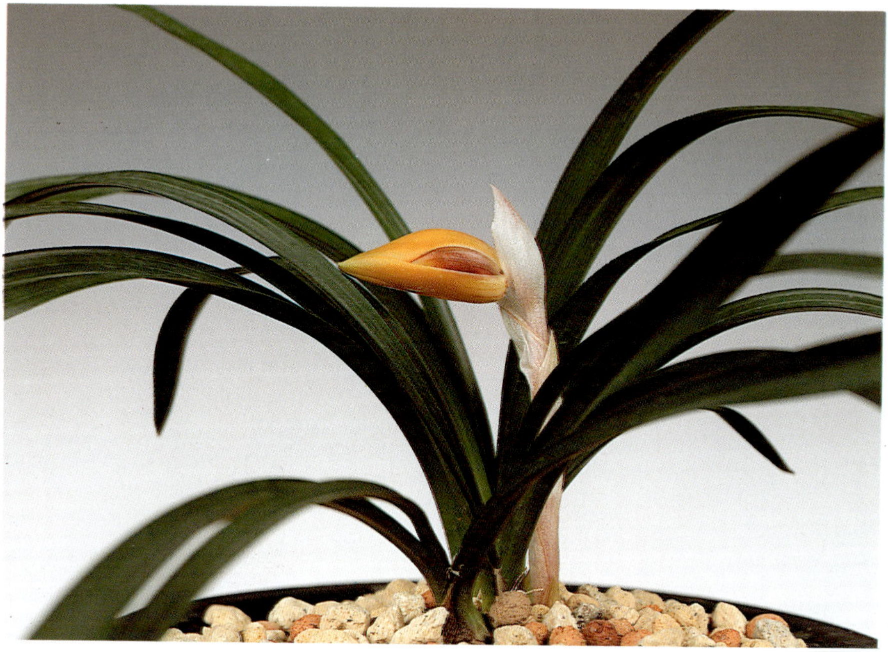

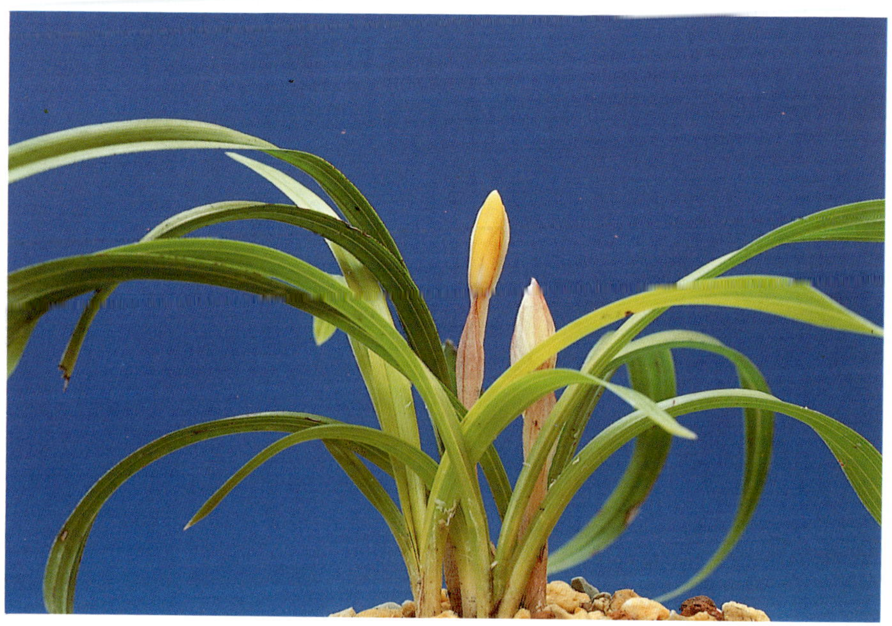

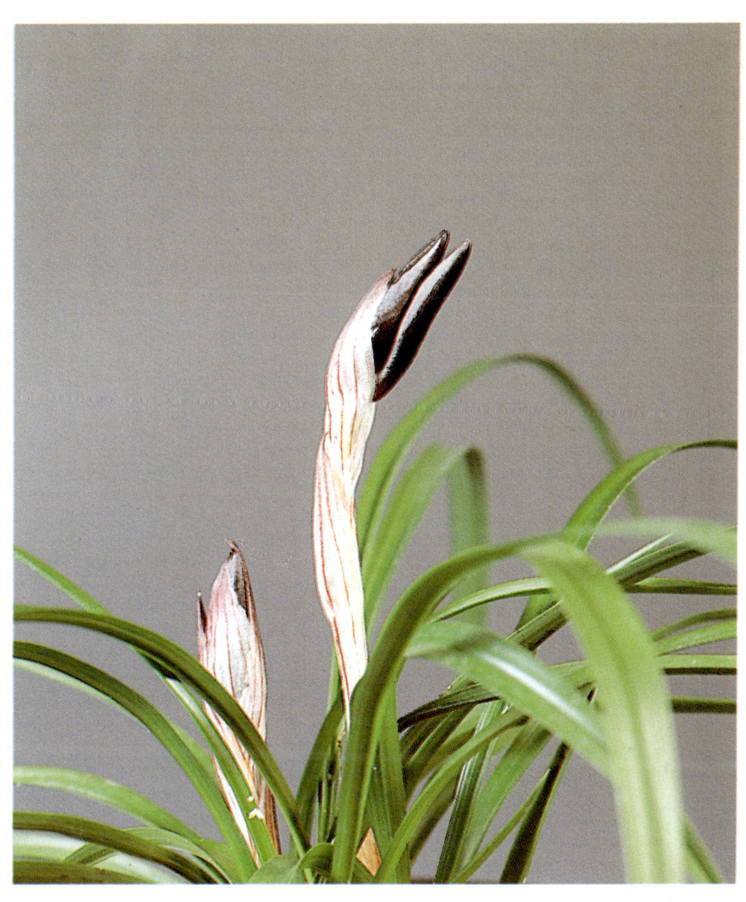

꽃봉오리 발색 주금색 꽃이 바로 피기 전에 화통을 벗겨 주어 꽃이 필 때 화통에 걸려 꽃잎이 상하지 않도록 했다(옆면 위). 황화의 꽃봉오리로서 투명한 포의 사이로 보이는 꽃봉오리가 신비롭게 영롱하다(옆면 아래). 자화의 꽃봉오리(위).

가 없을 것이다. 춘란은 보통 8, 9월 상순부터 꽃봉오리가 나오기 시작해서 겨울 동안 휴면을 한다. 자생지에서는 3, 4월에 꽃을 피우며 인공 재배 때 보온 관리를 하면 2월 중순부터 3월에 걸쳐 꽃을 피운다. 따라서 직접 재배하여 꽃을 보기 위해서는 참을성 있는 수고로움이 요구되며, 춘란의 자생 환경과 생리를 파악하여 배양에 옳게 적용되는 관리가 중요하다.

자생지의 춘란 상태를 살펴보면 꽃봉오리 형성 뒤 곧이어 낙엽이 떨어져 쌓인 채로 겨울을 나게 되는 것을 알 수 있다. 쌓인 낙엽이 지나치게 많거나 너무 마르거나 너무 습하면 꽃을 피우지 못하는 경우가 대부분이다. 이런 사실은 인공 배양을 하는 데 있어 습도 유지와 햇빛의 양이 어느 정도이어야 순조롭게 꽃봉오리가 자라 꽃을 피울 수 있는지를 제시해 준다.

자생 상태의 한겨울은 눈이 내려 난을 덮어 주기 때문에 심한 한파로부터 보호해 준다. 적당한 습도, 얼지 않을 정도로 차게, 낙엽으로 햇빛을 차단하여 맑고 깨끗한 빛깔의 꽃을 피우게 되는 것이다. 이러한 기본 원리를 옳게 인공 배양에 적용해야 하는 것이 아름다운 꽃을 볼 수 있는 방법이다.

적절한 습도 유지와 온도 조절이 중요

분토 위로 살포시 내민 꽃봉오리를 바라보면 애란인들의 마음은 어느덧 꽃을 맞을 기대로 설레이게 된다. 아름다운 색화를 보기 위해서 이제까지 해오던 관리보다 한층 세심하게 관찰하면서 정성을 쏟는다면 춘란이 꽃을 피우기까지의 오묘한 순리를 느낄 수 있을 것이다. 물이 부족하지 않을까, 비료를 더 주는 것이 큰 도움이 되지 않을까, 혹시 병충해의 위험은 없는지, 매사 신경이 쓰인다. 그러나 실제 춘란에 있어서 이런 우려로부터 출발한 급격한 환경 변화는 꽃봉오리를 상하게 하는 원인이 된다. 반면 꽃봉오리 관리를 게을리하면 꽃대가 말라 버리거나 썩어 버린다.

우리나라의 사계절 가운데 겨울은 어느 때보다 춥고 습도가 매우 낮은 계절이다. 따라서 꽃봉오리의 관리는 적절한 습도 유지와 온도 조절이 매우 중요하다. 일반 주택이나 아파트 실내 또는 난실의 경우, 온도는 높으나 습도는 매우 낮아 춘란의 꽃봉오리가 마르는 현상이 나타난다. 온도가 높을수록 적절한 습도 유지가 어려워진다. 물을 자주 주는 것은 분 속을 과습하게 만들어 뿌리를 상하게 하고, 야간 온도의 급강하로 꽃봉오리가 썩기도 한다. 그러므로 밤에는 섭씨 2도 내지 5도 이내로 유지하고, 한낮에는 섭씨 10도 내지는 높아도 15도 정도로 온도 상승을 억제한다. 또한 한낮에는 통풍, 환기를 위해 난실 위에 달린 천창이나 옆의 창문을 열어 둔다. 이처럼 가온을 할 때면 온도가 높아 분토가 쉽게 말라서 물을 자주 주게 되는데 주의해야 한다. 반면 무가온의 경우는 온도가 낮아지므로 습도에 주의해야 꽃봉오리가 얼어 버리는 사태를 면할 수 있을 것이다.

색화발색을 위한 화통은 특성에 맞게

꽃봉오리가 오르면 춘란은 난실의 맨 아래쪽이나 햇빛이 많이 비추지 않는 조금 어두운 곳에 두어 관리한다. 물에 쉽게 썩지 않는 부드러운 수태(水苔)를 꽃봉오리 위에 살짝 덮어 주는 것도 좋은 방법이다. 수태로 덮는 것은 가을철에 주로 하는 적당한 관리법이다. 이때 주의할 것은 물 주기 전에 걷어 내고 물을 준 뒤 살짝 덮어 주는 것이 과습을 막을 수 있다.

그러나 꽃봉오리가 점차 커지면 그때는 화통을 만들어 씌워 준다. 화통은 햇빛의 흡수가 좋은 검은색, 진한 군청색의 화선지, 문종이 등을 이용한다. 은박지와 같은 재료는 환기가 잘 되지 않아 바람직하지 않다. 화통의 높이는 10 내지 15센티미터로 길게 하여 화통의 선단부를 막지 않는 것이 통풍을 위해서도 좋다. 화통을 씌울 때 주의할 점은, 물 주기를 할 때 화통을 벗기고 하는 것이 습도가 높아져서 꽃봉오리가 썩는 것을 방지할 수 있다. 여기에서 수태나 화통을 씌우는 목적을 분명히 알아 둘 필요가 있다. 햇빛을 적게 받게 하여 온도를 낮추면서 건조하거나 과습의 상태를 막아 꽃봉오리가 상하는 것을 막기 위함이다. 더불어 햇빛 차단의 효과는 엽록소와 시아니딘의 증진을 막는 것이므로 각 품종마다 색화발색에 도움을 주는 것이어야 한다. 색화라고 모두 화통을 씌운다고 발색의 효과가 나타나는 것이 아니기 때문이다.

일반적으로 꽃봉오리가 있는 난에는 비료를 주지 않는다. 비료를 주면 색화의 경우 엽록소의 증가로 인하여 화색이 탁하게 되고 심하면 썩는다. 또한 가을부터 겨울 동안 저온 상태에서 겨울을 나야 꽃대가 충분히 자란 뒤에 꽃을 피우게 된다. 이는 온도가 높으면 꽃대가 자라지 못한 가운데 너무 일찍 꽃을 피우기 때문이다. 꽃대가 움직이기 시작하면 구부러지지 않고 반듯하게 자라도록 관리해야 관상미가 좋다.

또한 꽃대가 움지이기 시작하면 어두운 곳에 두고 물 주기를 충분히 하고, 휴면기 춘란 색화에 씌웠던 화통을 제거해 준다. 꽃봉오리가 부풀어오르는 시기에 맞추어 화통을 큰 것으로 갈아 준다. 주의할 점은 춘란의 꽃잎은 섬세하므로 향기를 맡기 위해 코를 들이대거나 손으로 만지면 지방과 염분으로 꽃잎이 상하게 된다.

화색(花色)의 원리에 따른 꽃봉오리 관리

춘란의 아름다운 색화를 보기 위해서는 화색의 차이에 따른 원리와 필요 조건을 충분히 이해하는 것이 중요하다. 춘란의 색화를 보다 좋게 나오게 하기 위해 인위적인 방법으로는 주로 꽃봉오리에 화통을 씌우는 것이 대부분이다. 그러나 이것도 어느 색화에나 적용이 가능한 것이 아니며 각자 배양 환경, 온도, 햇빛, 비배(肥培) 관리

등이 고려되어야 한다.

적화계 적화계는 주금화와 홍화를 포함하는 색화 분류 가운데 하나이다. 적화를 깨끗하게 피우기 위해서는 온도 관리가 중요하다. 이는 꽃봉오리의 엽록소를 억제하고 겨울의 휴면을 잘 보낼 수 있는 온도 조절을 말한다. 춘란의 휴면기는 12월에서 1월까지인데 오전에는 섭씨 2도에서 10도 정도로, 온도가 높은 낮에는 섭씨 8도에서 15도 정도로 유지해 준다. 이 기간에는 가능한 한 햇빛을 차단함으로써 휴면을 충분히 시킨다. 1월 말경에서 2월까지는 섭씨 5도 전후로 일정한 온도 유지가 필요하다 온도와 더불어 중요한 것은 화색의 탁함을 방지하기 위해서 빛의 관리를 잘해야 한다. 적화계를 구성하는 주색소는 카로티노이드와 안토시아니딘 가운데 시아니딘이며, 모든 꽃의 기본 색소인 클로로필이라는 엽록소도 소량 포함한다. 엽록소는 저온이나 강광에 의해 분해되고 섭씨 5도 이하로 되면 심한 파괴 현상이 나타난다.

색화는 빛과 온도에 민감하여 적화에 엽록소가 많으면 화색이 탁하고, 발색이 불안정하므로 가능한 한 억제하는 것이 좋다. 따라서 꽃봉오리가 올라올 때부터 화경이 뻗을 때까지 차광을 하기 위한 관리를 한다. 8월 꽃눈이 보이면 수태로 꽃봉오리를 살짝 덮어 주어 가을철 관리를 하고 수태 위로 오르면 화통을 씌워 준다. 화통은 2월 중순쯤 벗긴다. 하지만 무조건 빛을 차단한다고 발색에 도움이 되는 것은 아니다. 적화의 경우 색소 구성 가운데 일조가 있어야 발색되므로 요즈음에 와서는 화통을 일찍 벗기고 일조를 쪼여 주는 방법이 많이 사용된다.

반면 주금화의 경우는 적화의 발색보다 일조를 필요로 하지 않는다. 따라서 비료를 끊고 화통을 씌워 엽록소를 억제한다. 또한 화통은 꽃대가 오르기 시작할 때 벗기면 된다. 화통을 벗긴 뒤에 주의할 점은 갑자기 햇빛을 쪼이지 말고, 수태로 덮어서 천천히 꽃피울

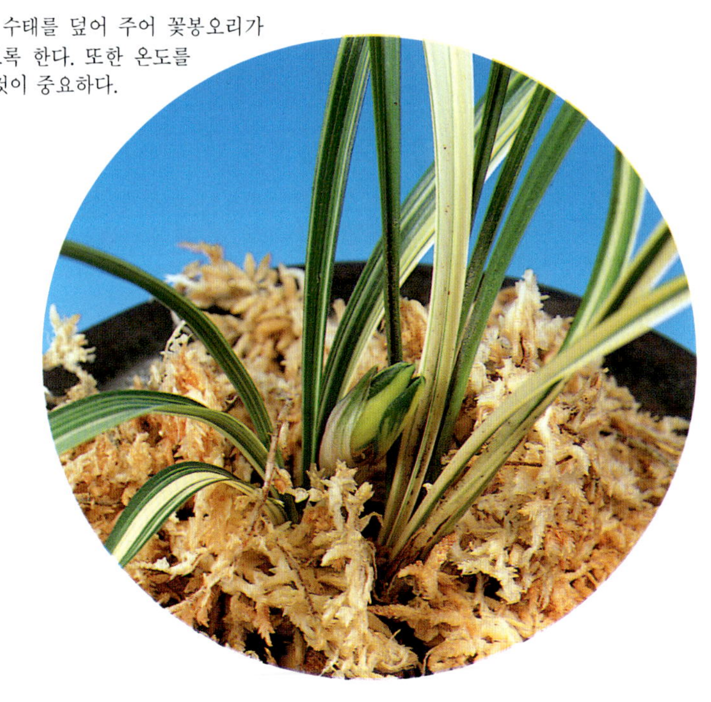

수 있도록 조치해 준다. 한편 적화발색에 비료가 영향을 주는 것은
질소가 엽록소를 생성시켜 화색을 탁하게 하기 때문이다. 8월 꽃봉
오리가 보이기 시작하기 전부터 질소를 억제하고, 꽃잎의 육질이
두터워지고 단백질이 생성되며 병해에 저항력을 주는 인산과 칼륨
을 중점적으로 공급케 주는 것이 바림직하나.

황화 우리가 쉽게 발견하는 황화는 부엽(腐葉)이 많이 쌓인
음지나 광량이 아주 센 양지에 있다. 이는 부엽에 의해 햇빛이 차단
되어 녹색으로 변할 틈이 없어서 황화로 핀 것이다. 반면 광량이
많은 양지에서 발견된 황화는 엽록소가 너무 센 광량에 의해 파괴되
거나 퇴색한 경우이다. 그러나 이런 황화는 본성의 황화가 아니다.

다만 재배 환경에서 우발적으로 나타나는 형상의 일반 춘란일 뿐이다. 황화의 배양 관리는 황색이 아닌 녹이 남거나 화색에 탁함이 남아 있는 것을 막는 데에 있다. 화통이나 수태를 씌워 꽃봉오리를 관리한다.

자화 색화 가운데에서 가장 명품수가 적다는 자화는 고정품이 어렵다. 자화로 발색하기가 어려운 이유는 색소 구성이 매우 불리하고 배양 기술 또한 부족한 데서 기인한다.

가을철에는 조금 건조한 듯하게, 햇빛의 양이 많은 밝은 곳에서 사라세 하는 깃이 좋디. 또한 자화의 경우 일조가 없이는 발색이 불가능하다. 좋은 화색을 낸다고 햇빛을 차단하는 것보다는 많은 양의 햇빛이 도리어 도움이 된다. 따라서 화통을 씌우지 말고 살짝 수태로 덮어 준다.

소심 혀, 꽃대, 꽃잎, 봉심, 볼 모두 녹(綠) 아니면 백(白)인 녹화가 소심이다. 따라서 자연의 발색으로 피우는 것이 보통이다. 맑은 색을 내기 위해서 비료는 삼가며 충분한 양의 햇빛을 주며 관리한다. 다가오는 겨울, 세상이 꽁꽁 얼어붙는 추위에도 춘란은 환희의 꽃봉오리를 감추고 잠이 든다. 세상이 기지개로 봄을 맞으면 춘란의 아름다운 꽃 자태가 우리 애란인에게 다가올 것이다.

난의 감상 요령

일찍이 선구적인 난인들에 의해 한국 춘란의 원예화 작업이 시도
되었지만, 본격적으로 이러한 작업을 애란인들이 시작한 것은 1980
년을 전후한 시기부터이다. 이 시기에 이르러 수입 자유화 조치로
외국란이 수입돼 들어왔으며 이로 인해 난 인구가 늘어나, 이들의
우리 것에 대한 관심이 한국 춘란에 대힌 원예화로 쏠리기 시작한
것이다.

한국 춘란은 특성상 일본 춘란과 밀접한 연관을 맺으면서 원예화
의 길을 걸어올 수밖에 없었다. 이는 국적만 다를 뿐 식물학적으로
는 같은 위치에 있기 때문이다. 까닭에 오랜 역사를 가지고 있는
일본 춘란에 대한 정확한 이해는 곧 우리도 이들에 못지않은 우수성
을 우리 한국 춘란에서 찾은 수 있디는 기대를 깆게 한 싯이나. 외국
에 비해 짧은 기간이지만 한국 춘란은 애란인들의 노력으로 외국에
못지않은 우수한 품종들이 많이 있다. 일본에서 보이는 품종들은
대개 우리 춘란에도 있으며, 우리들만의 특성을 지닌 난들도 있다.

어떤 한 예술품을 바라보고 그것이 가진 진정한 아름다움을 느끼
고 마음의 정화(浄化)와 즐거움을 가지기 위해서는 충분한 미의식을

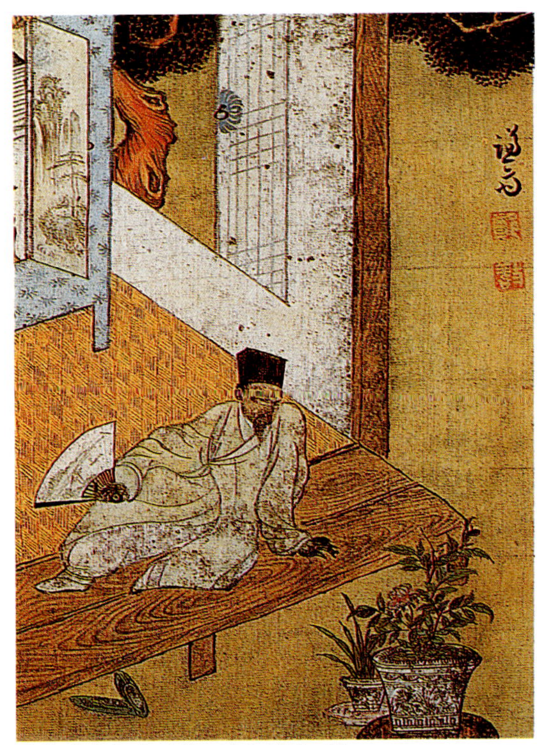

그림에 나타난 난 감상 겸재 정선 작품.

가지고 접근해야 한다. 그러면 미의식은 무엇을 말하는 것일까?

그것은 한 예술품이 가지고 있는 미적 요소들의 조화를 올바르게 이해할 수 있는 감각과 경험을 말한다. 이러한 감각과 경험은 쉽게 얻어지는 것이 아니다. 많은 예술품들을 보고 감상하고 그러한 작품을 창조한 예술가의 투혼과 예술품이 내포하고 있는 미적 요소들의 충분한 이해로 이루어지는 것이다. 더불어 시간과 공간을 초월하는 예술품은 누구에게나 공감이 가능한 보편적인 미적 요소들과 그의 조화가 있게 마련이다.

우리가 오랜 세월에 걸쳐 고정되어 명품(名品)이라 하는 난을 대하는 것도 마찬가지이다. 명품은 오랜 세월 동안에 걸쳐 형성된 감상 요건을 갖추고 있다. 이러한 감상의 기준은 시간과 공간에 따라 약간씩의 차이는 있으나 보편적으로 난의 아름다움을 올바르게 보기 위한 일종의 미의식이라 할 수 있다.

중국이나 일본도 나름대로 명품 요건을 세워 놓고 있으며 우리나라도 명품을 감상하는 데 있어 체계적인 감상 요건의 필요성이 대두되어 왔다.

명품 요건

그동안 많은 품종의 화예품(花藝品)이 나왔으나 화예품이라 하여 모두 명품이 되지는 않는다. 엄격한 명품의 요건에 부합해서 미적 가치를 충분히 지니고 있어야 하는 것이다. 그러면 하나하나 명품의 요건을 알아보자. 화예품에 요구되는 명품의 요건은 설판(舌瓣)의 형태, 꽃잎의 모양, 봉심(捧心)의 형태, 비두(鼻頭)의 생김새, 꽃대의 길이, 잎과의 조화, 화형(花形), 색상의 농담(濃淡)과 선명도 등이다.

설판   설판의 형태는 난을 명품으로 규정짓는 데 중요한 역할을 한다. 한국 춘란의 설판 형태는 중국의 예처럼 다양하지는 않으나 새로이 발견되는 것을 보면 대부분 권설(捲舌)이며 다른 형태의 설판도 많이 나타나고 있는 실정이다. 두화(豆花)에서 보이는 원설과 여의설, 원판화(圓瓣花)에서 보이는 설판의 형태 등을 보았을 때 쉽게 단정지을 수는 없다고 본다. 이런 점에서 다양한 설판을 기대하면서 전체적인 조화를 이루며 설백의 투명한 색이 우품이 된다고 본다.

봉심   봉심도 명품의 요건에 있어 중요한 위치를 차지하고 있다. 한국 춘란의 경우 봉심에 투구(兜花)가 대부분 없으나 전혀 발견되지 않는 것은 아니다. 투구가 중요시되는 것은 투구가 있음으로써 봉심의 육질이 두터워져 그 단정함을 유지하고 흐트러짐을 막기 때문이다. 현재로선 합배(合背)나 반합배(半合背)의 경우도 무난하며 벌어지지 않고 단정함을 유지하는 것이면 우수품이라 할 수 있다.

화형   화형은 현재 여러 가지가 나오고 있다. 물론 산채 당시와 애란인들의 난실에 옮겨온 뒤는 변화가 어느 정도 나타나는 것이 상례이나 안정된 화형을 보이는 것도 있다. 화형은 주판, 부판의

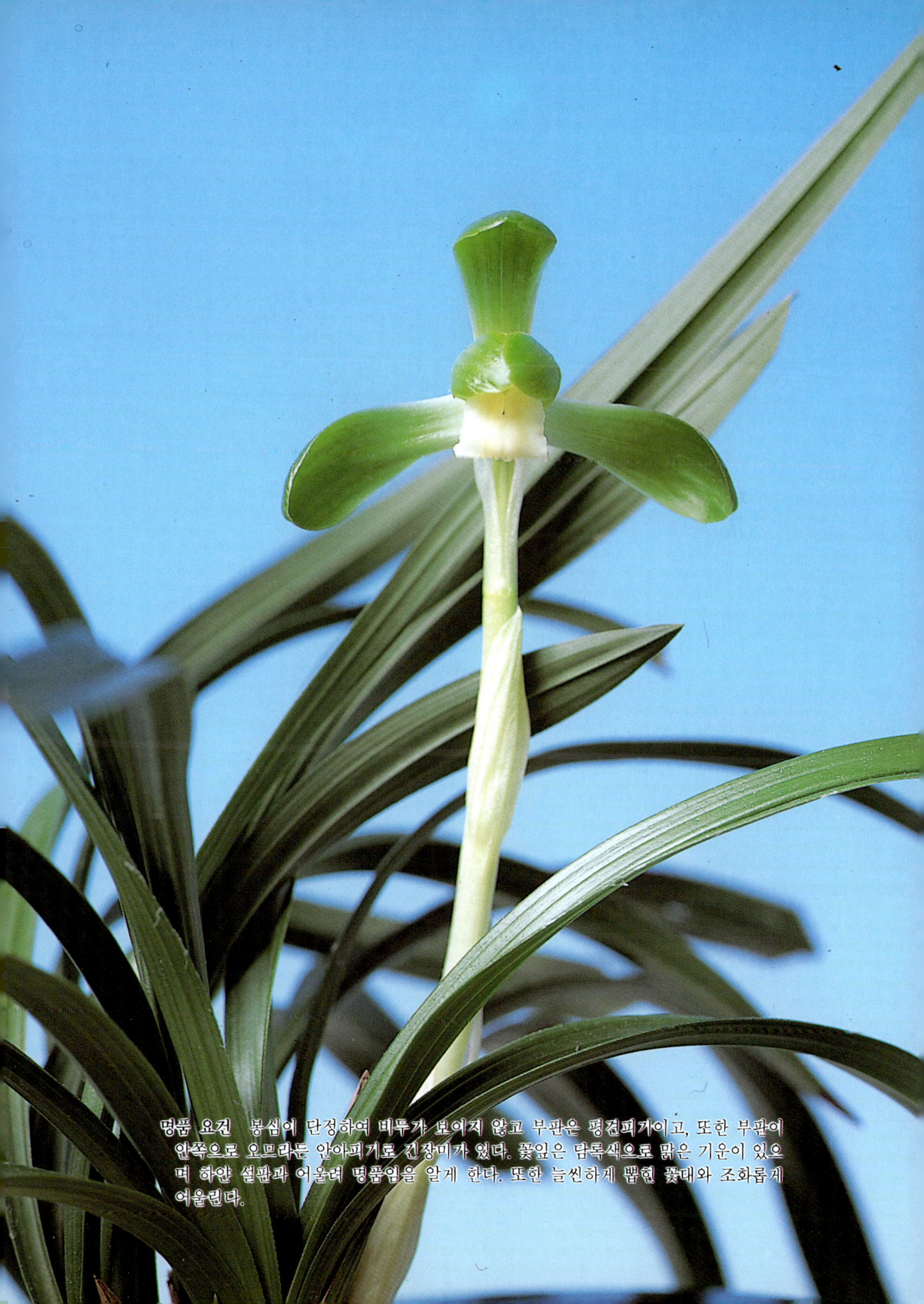

명품 요건 봉심이 단정하여 비투가 보이지 않고 부판은 평견피기이고, 또한 부판이
안쪽으로 오므라든 안아피기로 긴장미가 있다. 꽃잎은 담록색으로 맑은 기운이 있으
며 하얀 설판과 어울려 명품임을 알게 한다. 또한 늘씬하게 뻗힌 꽃대와 조화롭게
어울린다.

형태로 결정된다. 부판은 좌우 동형을 유지하며 동심원을 그렸을 때에 여백이 적어야 한다. 이는 꽃잎의 폭이 가늘고 긴 것보다는 매판에 가까운 형태로 풍만함과 안정감을 가지는 것이 좋다. 또한 부판이 너무 처지지 않고 평견에 가까워야 하며, 삼각견이라도 좌우 동형과 안정감을 주면 우품으로 본다.

꽃잎 꽃잎은 반전되어서는 좋지 않다. 잎이 안쪽으로 오므라든 안아피기의 형태를 취하며 약간의 긴장감을 주는 것이 좋다.

비두 비두는 봉심에 가려야 좋으며 너무 크지 않는 것이 좋다.

색상 색상은 바탕색과 백색말고 다른 색이 들지 않으면서 선명한 것이 좋다. 또한 탁한 인상을 주어서는 안 된다.

전체적인 조화 명품의 조건으로 무엇보다 중요한 것은 전체적인 조화이다. 부분적인 요건에 충족되더라도 전체적인 균형과 조화가 흐트러진다면 명품이 될 수 없다. 전체 잎과의 균형도 중요하며 화형에서도 문제가 된다. 꽃대(花莖)의 길이는 적절한 꽃대 관리로 어느 정도 조절이 가능하다. 꽃의 크기에 비해 너무 길거나 굵은 것은 좋지 않다. 약간 가는 듯하면서도 전체 잎과의 조화가 이루어진다면 명품에 든다고 하겠다.

이상의 명품 요건을 살펴보았을 때 우수한 품종이라 하여 모두 명품이 되는 것은 아니라는 것을 알았다. 또한 일부 희귀품종들의 경우 그 희귀성만으로도 배양의 즐거움은 클 것이다. 그러나 중요한 것은 명품과 희귀품과의 구분은 확실하게 인식하는 것이 중요하리라 본다. 왜냐하면 명품은 영원히 남을 것이기에.

명품 종류

색설화(色舌花) 흔히 주사소(硃砂素)라 잘못 불리기도 하는 색설화는 균일한 색도로 혀의 색이 단색인 것을 말한다.

원판화(圓瓣花)와 두화(豆花) 화판이 둥글고 엽육이 두터워 원만한 아름다움을 자랑하고 있는 원판화와 위 조건을 갖추고서 극단적으로 작아 앙증미를 더하는 두화가 있다. 여기에 또한 소심의 예를 보이는 품종도 있어 애란인들의 관심을 더하고 있다.

투구화(兜花) 중국 춘란에서 보이는 투구(兜)가 우리 춘란에서도 보이고 있어 품종화의 가능성을 갖게 한다. 현재 봉심에 나타나는 투구는 중국 춘란에서 보이고 있는 형태에 따라 분류할 수 있겠으나 중요한 것은 이들과 견주어 손색없는 투구화, 명화를 개발하는 일이다.

기화(奇花) 정상적인 꽃의 형태를 벗어난 기화가 있다. 곧 주판, 부판, 봉심, 설판, 포의 등이 정상적인 형태를 벗어나 일반적인 꽃에서 느낄 수 없는 색다른 관상미를 지니고 있는 것이다. 그러나 무조건 정상적인 형태를 벗어났다고 하여 원예적인 가치를 부여하는 것은 아니다. 또한 당년에만 일시적으로 나타나는 것이어서는 안 되고 고정성이 보여야 된다. 최근에는 다양한 형태의 기화가 나오고 있다. 또한 기화에서도 잡색이나 티가 없는 소심이 나타나 기화 소심의 이예(二藝)를 보여 주기도 한다.

유향종(有香種) 한국 춘란에도 유향종이 발견되어 애란인들의 관심을 끌고 있다. 잎은 대엽성이며 윤기가 좋고 특히 엽선이 아름답다. 꽃은 일반 춘란과는 많은 차이를 보인다. 곧 대륜(大輪)의 낙견(洛肩)이 많은 편이며, 꽃잎은 갸름하면서 끝이 뾰족한 것이 많다. 한정된 자생지에서 발견되나 다양한 화형의 유향종이 기대된다.

소심의 의미와 요건

소심은 맑고 투명한 깨끗함으로 우리 애란인들의 사랑을 받고 있다. 소심이 가지는 이러한 맑고 깨끗한 성정(性情)은 동양인이 전통적으로 추구하는 정신 세계와도 가장 잘 부합될 뿐만 아니라,

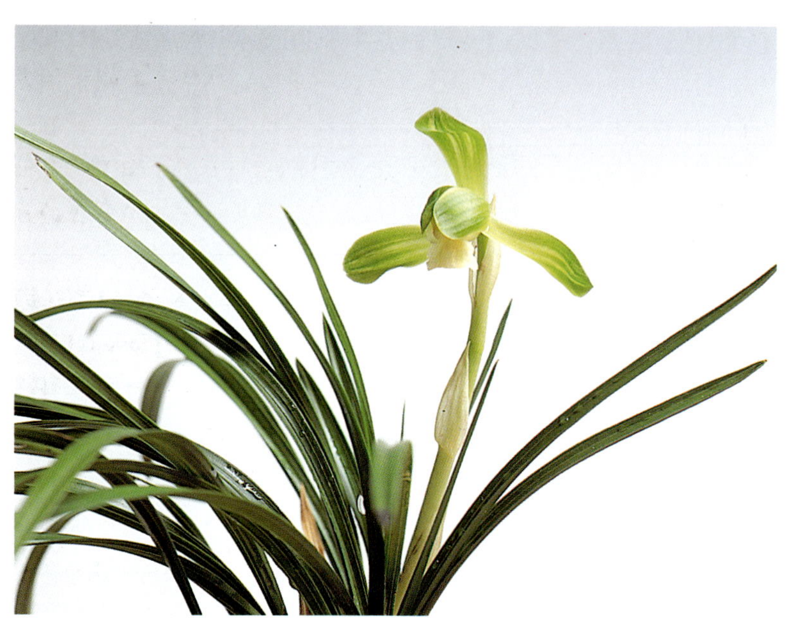

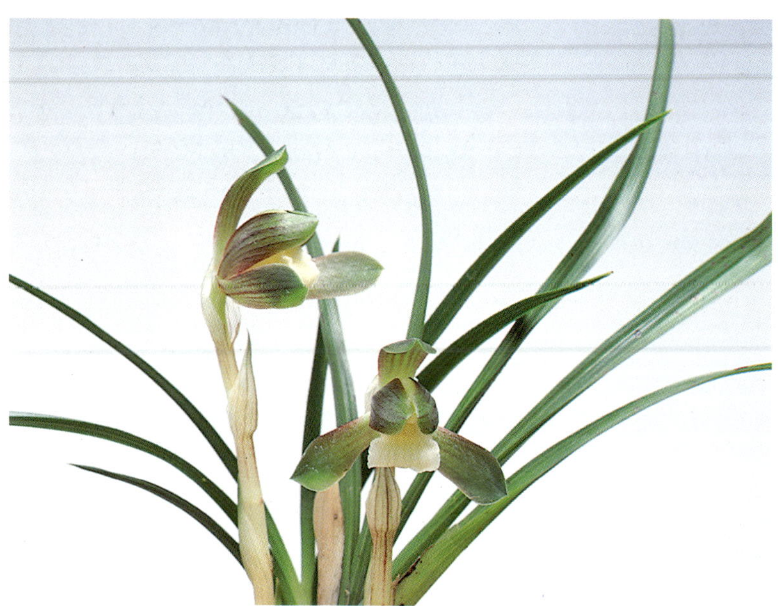

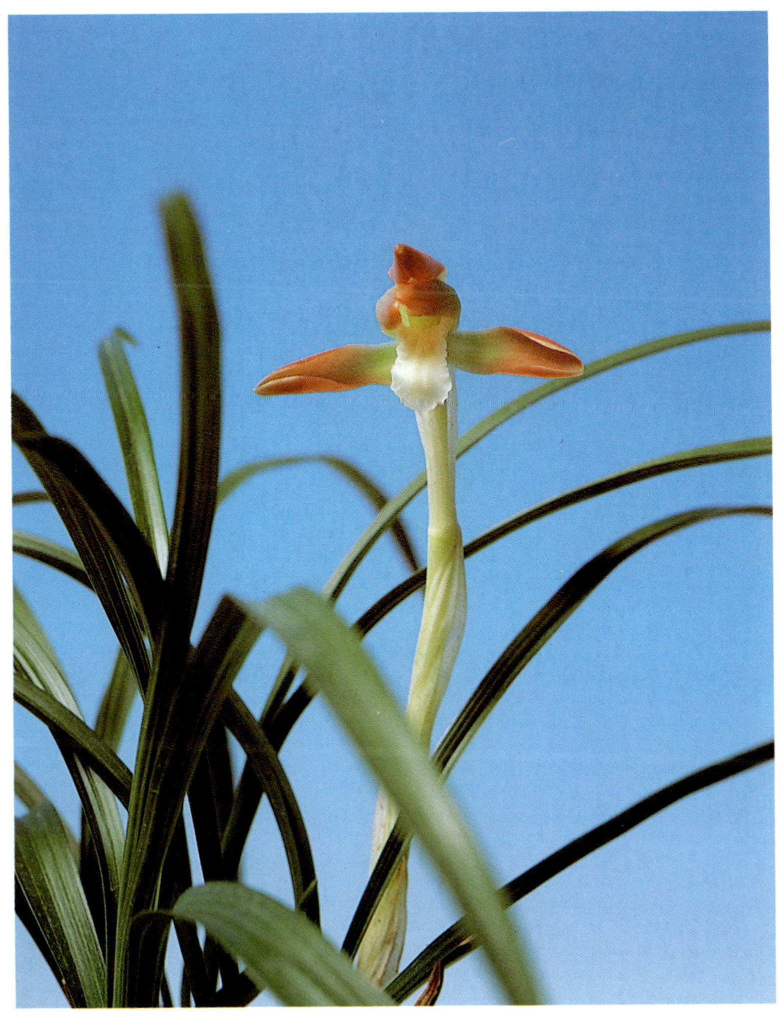

호화 소심 소심의 요건을 갖추고 꽃잎에 변이가 일어나 줄무늬인 호(縞)가 들어간 품종이다.(옆면 위)

소설(素舌) 혀가 눈이 부시고 넓은 특성을 가진 난이나 꽃잎과 포의에 다른 색의 선이 들어가서 소심이 아닌 난이다. 혀에 점이 없어서 소설이라 부른다.(옆면 아래)

홍화 소심 색화 소심은 그 색이 바탕이 되고 잡색이나 잡선이 없어야 소심이다. 한국 란 명품 전국대회에서 대상을 수상한 작품으로 이예품이다.(위)

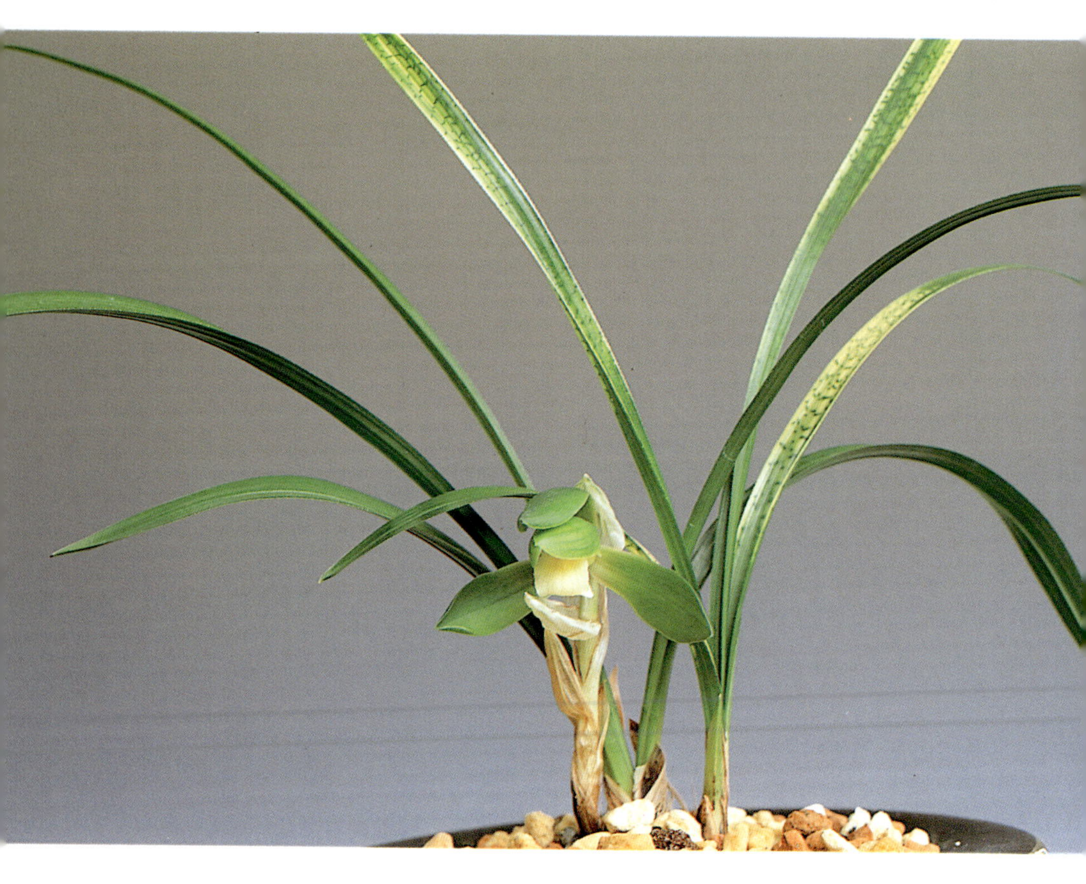

사피 소심　소심은 품종마다 나타나며 엽예품에서는 꽃이 피었을 때 소심이 나타난
다. 이 품종은 잎은 사피반이나 꽃은 소심으로서 이예품의 귀한 품종이다.

흰옷을 즐겨 입어온 우리의 민족성과도 잘 어울리는 품종이다. 잡된 것은 감히 접근할 수 없는 청정무구(清浄無垢)의 세계인 녹백(緑白)의 품격(品格)은 모든 난의 성정의 바탕이 된다는 데에 그 의미가 깊다. 이는 애란인들이 난을 가꾸는 본바탕을 말하는 난심(蘭心)의 기반이며, 나아가 이를 추구하는 난도(蘭道)와도 그 의미가 통하는 바이다.

이러한 까닭에 소심이 갖추어야 할 요건 또한 까다롭다. 소심을 규정짓는 정확한 개념은 혀(舌瓣), 꽃잎(花瓣), 포의, 꽃대(花莖), 꽃자루 등 이디에도 배색과 바탕색이 녹색을 제외하곤 다른 색이 전혀 들어 있지 않음을 말한다. 본격적인 한국 춘란의 역사가 15여 년 남짓 된다. 1970년대 말부터 채란하여 배양하는 동안에 많은 종류의 소심이 우리의 산야에서 나왔다.

중투호화 소심(中透縞花素心), 호화 소심(縞花素心), 복륜 소심(覆輪素心), 산반 소심(散斑素心), 사피 소심(蛇皮素心), 백화 소심(白花素心), 홍화 소심(紅花素心), 주금 소심(朱金素心), 황화 소심(黃花素心), 두화 소심(豆花素心), 원판화 소심(圓瓣花素心) 등 이예품 이상의 소심이 많이 나와 애란인들에 의해 배양되고 있다. 이런 다양한 소심의 등장은 우리의 자긍심을 높이기에 충분한 것이며, 앞으로도 더 많은 품종의 소심이 나오리라 기대된다.

전통적인 소심의 분류는 크게 두 가지로 나누어 보고 있다. 곧 순소심(純素心)과 준소심(準素心)이다. 순소심은 혀의 바탕색이 흰색인 백태소, 혀의 바탕색이 황색인 황태소, 혀의 바탕색이 녹색인 녹태소 등 세 가지가 있다. 준소심은 혀의 볼에 담도색(淡桃色)이 들어 있는 도시소(桃腮素), 혀의 전면에 바늘로 문신을 박은 듯이 담도색의 점들이 흩어져 있는 자모소(刺毛素), 혀 전체가 홍색인 주사소(硃砂素) 등 세 가지가 있다.

산채(山採)

산채

11월 초면 싸늘해져 가는 대기의 거대한 힘에 밀려 무성했던 초목이 한 해의 역할을 마무리할 즈음, 자생 춘란은 오히려 청초한 자태로 그 푸르름을 더욱 드러내고 있다. 애란가들에게는 채란철이 시작되는 이 계절을 기다리지 않을 수 없다. 대개 채란은 춘란을 중심으로 이루어지고 있는데 찬바람이 돌기 시작하는 11월경부터 4월 중순까지를 성수기로 보고 있다. 이 기간에는 뱀이 동면에 들어가서 물릴 염려도 없거니와 풀들은 찬바람에 자취를 감추고 사시장철 푸른 난잎이 초심자의 눈에도 잘 보여 채란하기 가장 좋은 자생지 조건을 갖추고 있기 때문이다

종전과는 달리 난에 대한 인식이 새로워지고 널리 보급화되면서 최근 몇 년 동안 채란이 활발하게 행해지고, 더불어 우수한 품종을 개발해 낼 수 있는 기회뿐만 아니라 우리의 난계는 채란으로 인해서 보다 발전할 수 있는 전환기를 맞았다.

현재 취미 애란가들 사이에서 재배되고 있는 대부분의 품종은

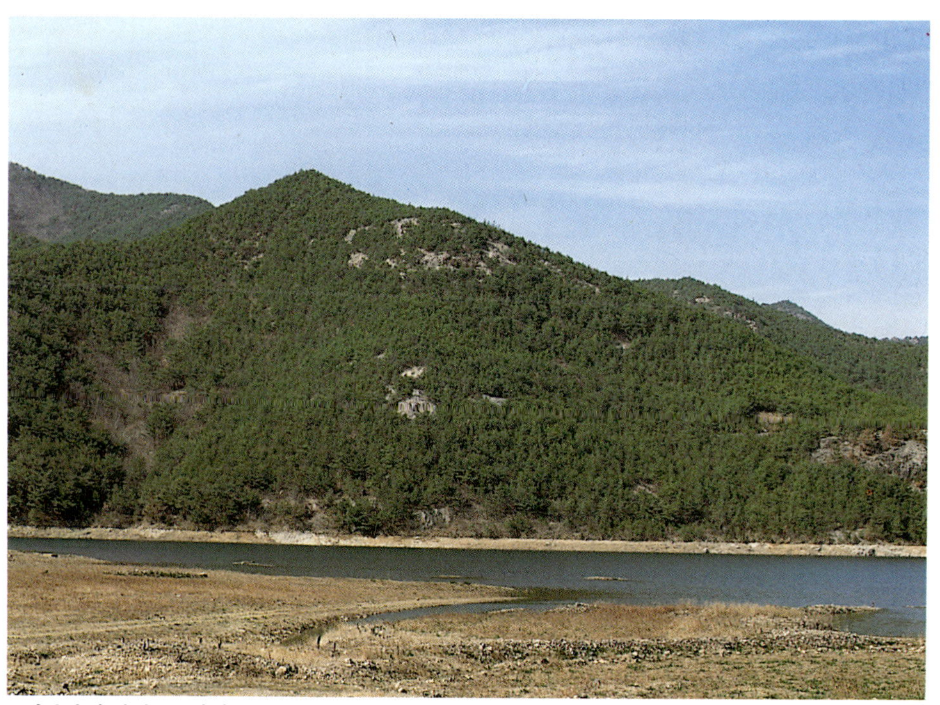

한국 춘란 자생지　자생지는 주로 표고가 낮은 완만한 산악 지대나 구릉 지대에서 발견된다.

색화(色花)나 기형화(奇形花), 잎에 무늬가 든 엽예품(葉藝品) 등으로 크게 분류할 수 있다. 이러한 품종들은 본래 산에서 자생했던 것으로 수년 동안 채취, 번식되어 온 것이다.

춘란은 비교적 표고가 낮은 구릉 지대에서부터 저산악(低山岳) 지역에 이르는 곳에 자생하고 있기 때문에 누구라도 쉽게 발견할 수 있다. 그러나 돌연변이를 일으킨 개체를 발견했다고 하더라도 명품의 귀품으로서 등록될 수 있는 품종을 발견하기란 그렇게 쉬운 일이 아니다.

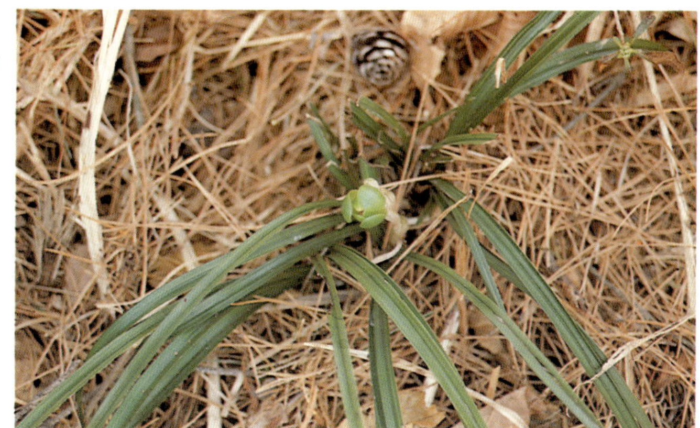

자생지에서 발견된 한국
춘란 기종

산채

1. 찾고자 하는 난이 발
   견되면 자세히 관찰한
   뒤, 넓게 자리를 잡고
   주위의 흙을 정리한다.

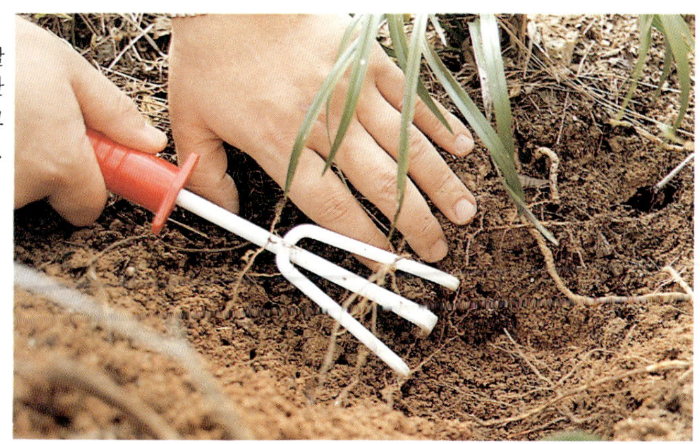

2. 뿌리가 상하지 않도록
   조심스럽게 흙을 파고
   난을 캔다.

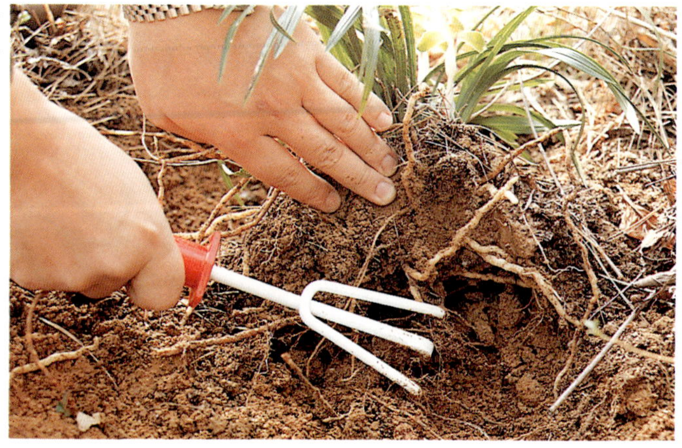

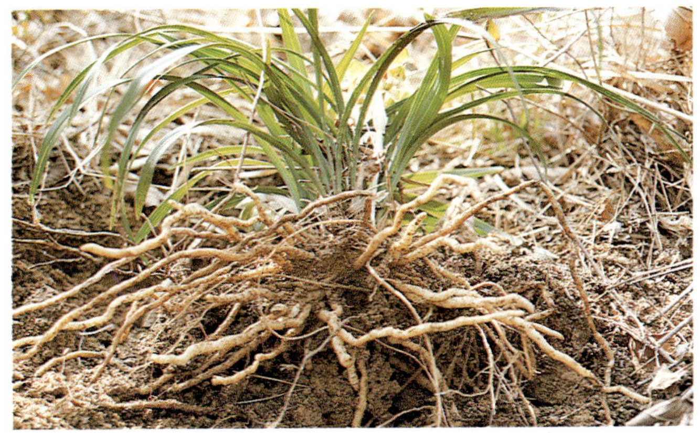

3. 캐낸 난의 뿌리 상태

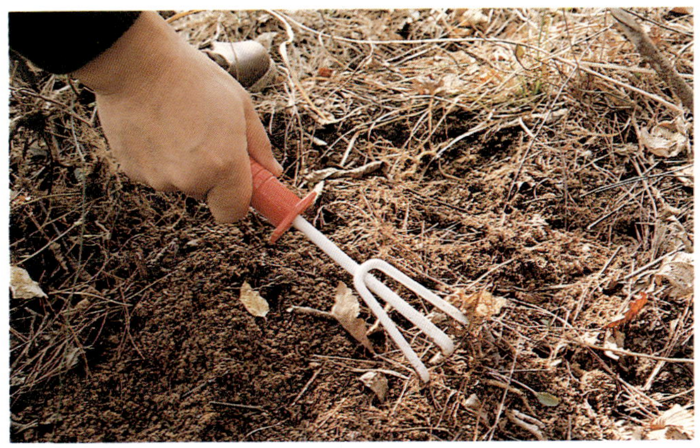

4. 난을 캐고 나면 그 자리를 메운다.

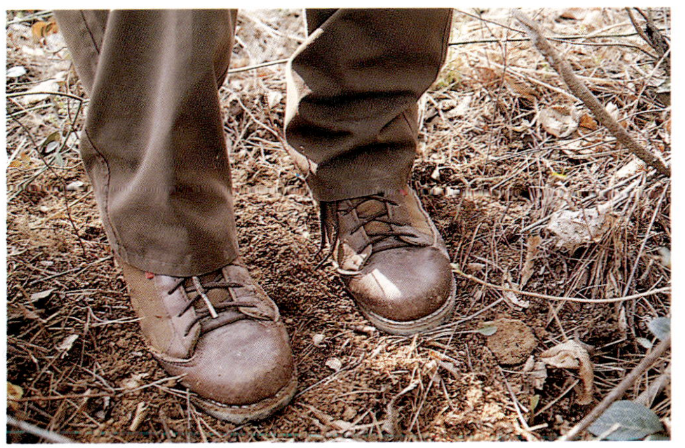

5. 메운 자리를 발로 밟아 단단하게 해준다.

채란을 시작하여 탐색을 계속하지만 진귀한 것을 발견해 내지 못하는 일도 허다하다. 변이를 일으키기 위한 제조건에 눈이 뜨이고 나면 독자적인 자기만의 방법으로 산의 방위나 높고 낮음 등을 조사해 보게 되고 또는 개체 변이를 발견한 장소를 지도에 기록해 가는 사이에 어느 정도 예측이 가능하게 된다.

지금까지의 명품 발견담을 들어보면 우연하게 진품을 발견한 사람도 있지만, 그 경우는 매우 드문 일이고 명감에 수록할 만한 명품의 발견이 하루 아침에 이루어진다는 것은 거의 무리한 얘기이다. 그러나 명품 발견은 물론이고 자생란을 채취한다는 것은 무엇보다 즐거운 일일 뿐만 아니라 스스로 발견한 변이 개체에는 각별한 애착이 간다.

정말로 고전 원예 식물인 춘란을 애배하는 정신이 없으면 자생란 가운데에서 변이 품종을 탐색하는 일은 도저히 불가능하지 않을까 한다. 상당한 춘란 지식을 갖고 있지 않으면 이것저것 아무것이나 산채하게 되고 본의 아니게 자연을 파괴하는 결과가 된다.

그렇기에 채란을 가면 반드시 개체 변이가 일어난 변이종이 아니면 캐지를 말아야 한다. 또한 이 변이종은 자연 환경에 적응하지 못하고 고사(枯死)를 하는 등 자생지에서 거의 번식이 안 되기 때문에 채취하여 보호한다는 마음으로 변이종만을 캐야 한다. 따라서 채란에 필요한 예비 지식을 충분히 알고 산채를 떠나는 것이 바람직하며 보다 흡족한 채란이 되리라 본다.

채란에 필요한 몸차림

채란에 나서는 몸차림은 계절에 따라서 각각 다르다. 사계절을 일괄하여 말할 수 있는 것은, 탐색하는 장소가 잡목림이나 침엽수림 지대이기 때문에 많은 잡초나 나무가 우거져 있으므로 손과 발을 다치지 않으려고 상하 긴 옷을 입고 신발도 군화나 등산화를 신는다. 또한 머리에는 모자를 쓰고 손에는 장갑을 끼는 것이 좋다. 특히 봄부터 가을에 걸쳐서는 살무사 등과 같은 뱀이 있기 때문에 물리는 일이 없도록 몸단장을 철저하게 준비한다.

그 밖의 부속 장비로서 배낭이나 륙색(rucksack), 타월, 회중 전등, 지도, 비옷이나 우산, 약품(방충제, 소독약) 등과 채취를 위한 도구로서 소형 갈고리, 묘를 담을 수 있는 투명한 비닐 봉지 등을 준비한다. 그러나 탐란을 위한 장비는 등산처럼 중장비가 되면 자유롭게 행동할 수가 없기 때문에 가능한 한 가볍게 떠날 수 있는 방법을 연구해 둔다.

채란의 마음가짐

채란은 보통 두세 사람이 함께 하는 것이 좋다. 혼자는 자칫 잘못하여 산속에서 부상을 당하거나 계곡에 떨어지거나 길을 잃거나 할 경우 도움도 받을 수 없게 된다. 그와 반대로 동행자가 너무 많으면 경쟁심이 생겨 성급하게 탐색을 하게 되므로 결국은 변이종을 놓쳐 버리는 결과가 된다. 또한 탐색하려는 산은 사전에 입산 허가를 받아 들어가도록 한다. 또 채란 칼 등으로 다른 나무를 다치게 하거나 꺾거나 하는 것은 애란인의 자세라 볼 수 없다.

춘란의 변이 개체 가운데에 기품이 넘치는 명품을 찾으려고 하면 다른 식물에는 일절 눈을 돌리지 말고 춘란에만 온 신경을 집중시켜서 찾지 않으면 지나쳐 버리는 것이 많다. 또 욕망만으로 다른 것을 되돌아보지 않는 사람들은 설사 변이종을 발견해도 결국에는 소용이 없게 돼 버린다. 그렇기 때문에 산에서 변이종이라고 생각하는 그루를 발견하더라도 곧바로 뽑지 말고 그루 주위의 낙엽을 조금 제거해서 충분히 조사해 본 뒤에 비로소 캐는 습관을 가져야 한다. 만약 대단한 변이 품종이 아닌 경우에는 그루 주위의 제거한 낙엽을 제자리에 놓는 애정은 누구든지 가질 만한 자세라 본다.

채란은 처음 시작할 때부터 올바른 탐색법이 몸에 배이게끔 해야만이 앞으로 산행하는 데 있어 올바른 채란이 이루어지게 된다. 그러나 채란에 있어서 가장 중요한 것은 자생지에서 뽑힌 춘란을 묻어 주고 더러워진 산야의 오물을 수거하는 등 산에서 내려올 때는 꼭 산의 쓰레기를 주워 가지고 돌아오는 습관을 가져 자연을 보호해야 한다.

개인적인 욕망만을 앞세워 자생지 춘란을 아무것이나 채취해 가는 것을 목격할 때 우리는 안타까운 심정으로 눈살을 찌푸리게 된다. 이러한 무분별한 채란이 계속된다면 춘란은 훗날 어떻게 되리라는 것을 누구보다도 그들 자신이 더 잘 알고 있을 것이다. 혹시 민춘란을 배양하면 변화가 일어날 것이라고 기대하는 이만큼 더욱 어리석은 일은 없을 것이다.

난을 사랑하는 애란인들이 춘란 자생지를 지키지 않으면 아무도 지켜 주지 않는다. 난을 아끼고 사랑하는 만큼 자생지의 고마움을 알고, 난 한 촉의 소중함을 잊지 않는 애란인이 되어야 하지 않겠는가.

우수한 산채품 요건

최근 춘란 애호인들 사이에서 호반(縞斑)에 대한 인기는 이상하리만치 높아져 일종의 붐을 형성하고 있다. 특히 산채된 호(縞)이면 뭐든지 좋은 것이고 마치 장래성이 있는 것처럼 착각조차 하지만 산채품 호반의 장래성 여부의 판정만큼 어려운 것은 없다. 그래서 우수한 엽예품이라고 말하는 줄무늬 호의 필수 조건을 알아보면,

첫째, 잎은 대엽으로 폭이 넓은 것이 좋고 잎육이 두껍고 잎끝은 둥글어야 한다. 또한 광택이 좋아야 하며 색이 짙어야 하고 중수엽

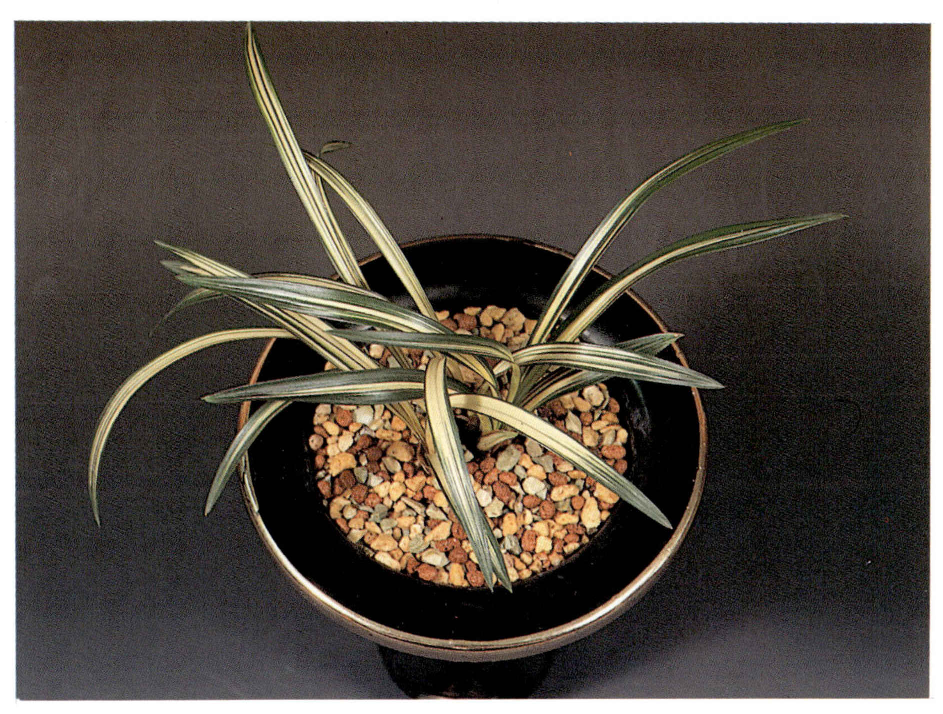

중투호 잎의 중앙부가 녹이 아닌 백색, 황색, 황백색 등의 무늬가 든 것을 중투라 히는
데, 중투호는 중투에 호가 들어간 것을 말하는데 이 호는 잎끝에서부터 내려오는
몇 개의 감호(紺縞)와 잎밑에서부터 올라가는 감호를 말한다. 따라서 중투호에는
여러 형태의 무늬가 나타나는데, 가장 이상적인 무늬는 청복륜(靑覆輪)이 넓게 걸쳐
지고 감모자(紺帽子)가 깊게 들면서 몇 개의 감호가 나타나는 것을 말한다. 이를 중압
호(中押縞)라 하여 제일로 꼽는 품종이다.

(中垂葉)이나 입엽(立葉)으로 흐트러짐이 없어야 한다.

둘째, 호반이 선명해야 한다. 무늬색은 설백(雪白)이 제일이고 그 다음은 극황색, 다음이 유백색이다. 무늬를 둘러싼 짙은 녹색인 감복륜이 충분해야 하고 녹색이 두껍게 씌워진 것이 좋다. 중압이나 중투인 것은 말할 나위도 없다.

셋째, 호반에서는 선천성인 것이 가장 좋고 후천성인 경우에도 고정도가 높은 것이면 좋다. 몇 대가 지나도 없어지지 않고 안정되어 있어야 하며 잎색과 무늬의 조화가 맞아야 한다. 이러한 조건을 갖춘 것이 최고의 귀품으로 되어 있지만 이러한 조건을 처음부터 모두 갖추고 있는 것은 극히 드물고, 몇 가지의 조건을 가지고 있는 것 가운데에서 배양에 의해 귀품으로서 완성된 쪽이 훨씬 많다. 이렇게 되려면 보통 오랜 세월이 걸려야 할 것이다. 따라서 처음부터 완성된 것은 극히 적기 때문에 최소한도로 이들 가운데에서 좋은 요소를 가진 것을 선택해 배양하는 것이 필요할 것이다. 이것을 선택할 때 기준이 되는 요소는,

첫째, 잎의 세일 아랫잎인 띠잎에 파연 좋은 무늬가 들이 있는지, 성장이 끝난 잎에 있는 무늬의 상태는 어느 정도인지 주의깊게 관찰한다.

둘째, 호반의 경우는 잎의 중심에 호의 무늬가 다수 존재하는지의 여부를 살펴본다.

셋째, 무늬의 선명도는 어떠하며 무늬의 연결 부분이 깨끗하게 되어 있는 선천성인 것이 좋다.

넷째, 폭이 넓고 광택이 좋으며 전체적으로 조화를 이루고 있는 것이 좋다.

다섯째, 잎 무늬를 둘러싼 감복륜이 극히 작고 화려한 것은 피하는 쪽이 좋다. 산채되어진 호는 배양 도중에 상상 이상의 변화를 가져오는 경우가 많아서 그 난이 가지고 있는 자질은 누구도 예측할

수 없을 정도로 신비롭고 흥미로운 것이다. 이 특성을 어떻게 잘 끌어 내는가 하는 것은 배양 기술밖에 없으며 그 기본이 되는 점을 열거해 보기로 한다.

첫째, 배양토는 통기성이 좋고 흡수와 배수가 잘 되는 것이 좋다. 비료의 영향을 오래 받지 않으며 약산성인 것이 좋다.

둘째, 분은 조금 작은 듯한 편이 좋으며 신아가 나와도 분갈이를 2, 3년 동안 하지 않아도 좋은 크기를 선택한다.

셋째, 바람이 잘 통하는 장소로 적당한 온도 곧 영하로 내려가지 않으며 아침 햇빛이 들고 오후 햇빛이 차광되는 곳, 광량의 조절이 가능하며 흐린 날씨 정도의 광량이 가장 적당하다. 그때가 3, 4만 럭스 정도, 여름에는 야간에 서늘하게 해주는 것이 중요하다.

넷째, 시비 관리에 있어서는 이상적인 무늬가 나오기까지 원칙적으로 시비는 하지 않는다. 활력제 등도 사용하지 않는다. 시비가 필요한 경우에는 N:P:Ca=1:6:2의 비율 정도인 것을 사용하고 질소계가 많은 것을 사용하지 않는다. 성목의 경우라 하더라도 마찬가지이다.

다섯째, 성목이 되기 전에는 나누지 않는다(성목이 되지 않으면 그것의 특성이 없어질 수가 있다). 성목이 된 뒤에 작게 나누어서 가능한 특성을 끄집어 내어 그 가운데에서 좋은 것을 계속 배양한다.

난을 오래 한 사람들은 난을 보면 직감적으로 장래성을 판단할 수 있다고 하지만, 구체적으로 많은 것을 배양해서 그 변화를 상세하게 관찰하고 체험해 보는 것말고는 별방도가 없다. 가능한 많은 것을 섭해 보아 예민한 관찰력을 기르고 그것의 장래성을 깊이 연구하면서 배양하는 것이 가장 중요하다고 하겠다.

춘란 구입 요령

난을 구입하는 일을 단순하게 생각하면 한없이 간단한 일이다. 물건을 사듯이 돈을 주고 가까운 난점에 가서 사면 되기 때문이다. 그러나 묘반작(苗半作)이란 말이 있다. 실(實)한 난의 경우 이미 반은 배양을 했다는 말이다. 그만큼 잘 자라고 꽃도 잘 피우고 배양에 있어서도 어려움이 반감된다는 것이다. 난 구입 때의 유의할 점, 구입 시기, 품종 선택 등 난을 구입하는 데 필요한 사항들을 하나하나 살펴보자.

품종 선택

우선 초보자들의 입장에서는 품종 선택이 중요하다. 아직까지 난을 기를 수 있는 충분한 환경 요건이나 설비가 미비한 상태인 점을 고려해 환경에 지나치게 민감한 것은 피하는 것이 좋다. 또한 꽃도 쉽게 피울 수 있고 가격면에서도 부담없는 것이 좋을 것이다. 이런 점에서 한국 춘란의 경우도 가격이 저렴한 것에서부터 시작하는 것이 좋다.

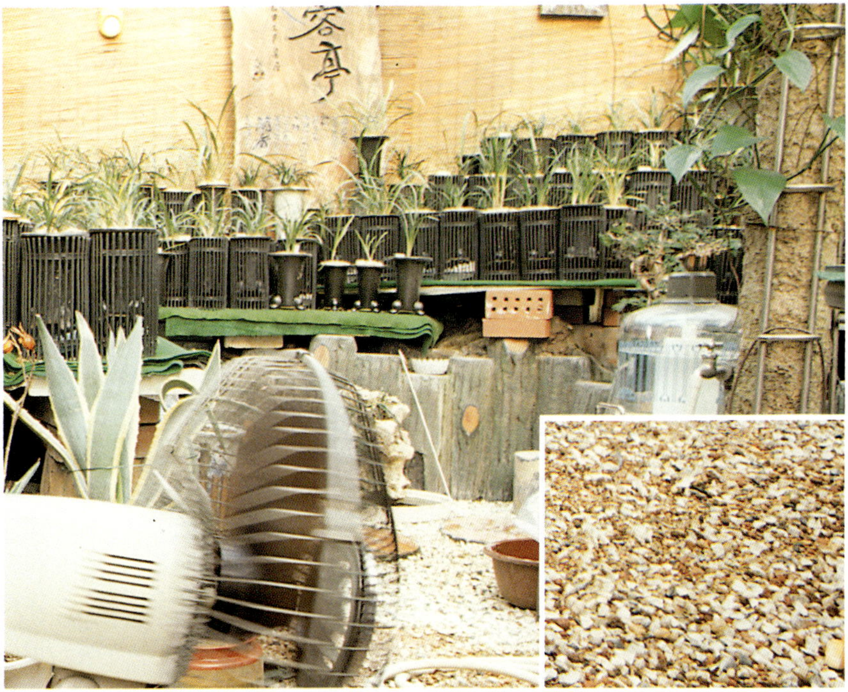

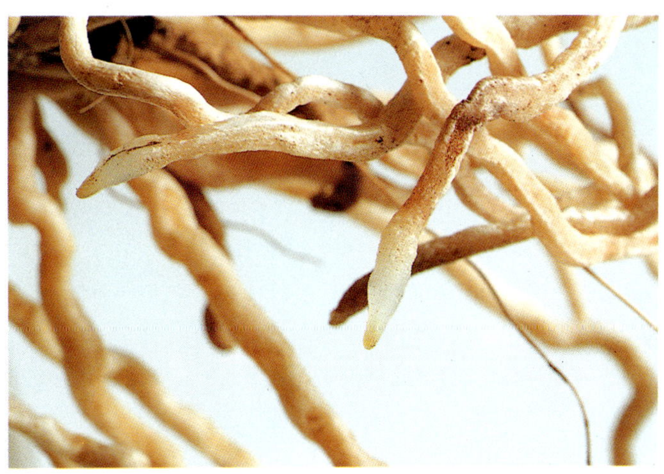

습도 조절 난실 바닥에 돌을 깔아서 습도 조절을 해주고 선풍기를 돌려 시원하게 한다.(위)

새 뿌리가 잘 내린 한국 춘란 춘란을 구입할 때는 뿌리의 상태를 확인하고 구입해야 한다.(왼쪽)

구입 때 유의할 점

한국 춘란인 경우 자생지에 직접 가서 산채를 할 수도 있고, 먼저 품종이 선택되었다면 선배 애란인들의 조언이나 스스로의 판단에 의해 믿을 만한 난 전문점을 찾아가 구입한다. 아니면 선배들로부터 분양을 받는 방법도 있을 것이다.

뿌리는 검게 썩은 것이 없고 촉당 적어도 3개 이상은 붙어 있는 것이 좋다. 굵으면서 희고 건강한 뿌리는 금방 확인할 수 있다. 오래된 뿌리는 담갈색이나 검게 변하는 경우가 있는데, 끝부분의 생장점이 다치지 않고 투명한 것이라면 괜찮다. 또한 수입된 난의 경우 긴 뿌리가 실하더라도 잘려 있는 경우가 많으므로 유의해야 한다. 이 경우 새 뿌리를 받아야 하므로 초보자는 피하는 것이 좋다. 따라서 난을 구입할 때 잎의 상태가 좋다고 그냥 사는 것보다 분을 쏟아 보아 뿌리의 상태를 확인해 보는 것이 유리하다.

잎은 윤기가 좋으면서 자태가 아름다운 건강한 것을 사야 한다. 그러나 뿌리와 벌브 등을 보아서 잎이 지나치게 웃자라 보이는 것은 피해야 한다. 새족을 받거나 꽃을 보는 데 시간이 걸리며 세력이 약한 상태이기 때문이다. 반면 약간 누렇지만 잎이 세고 뿌리가 실하다면 구입해도 무난하다. 많은 햇빛을 받으면서 건강하게 자라 새촉이 건실하게 잘 올라오기 때문이다. 한편 잎에 반점이 있거나 옆면이 고르지 않은 것, 잎의 녹이 농담의 차이가 있는 것은 피해야 한다.

난의 술기에 해당되는 벌브는 크고 윤기있는 것이 좋다. 따라서 반점이나 주름이 있는 것은 피해야 한다. 병이 들었거나 이전의 관리 상태가 불량했다는 것을 보여 주는 까닭이다.

촉수는 3촉 이상이 좋으며 화예품이나 특별히 꽃을 감상하기 위해서는 개화주를 구입하는 것이 좋다. 대주가 난에게는 이상적이나 합식한 것은 피해야 한다.

춘란 가꾸는 요령

난이 요구하는 습도

난에 취미를 붙이면서 처음 시작하는 초보자들에게 가장 난감한 문제가 충분한 습도를 유지시켜 주는 문제이다. 특히 장마기를 제외한 한여름이나 건조한 봄, 가을의 경우 난에게 최소한 습도 60퍼센트 이상을 유지시켜 준다는 것은 어려운 문제가 아닐 수 없다.

습도에서 사실 문제가 되는 것은 공중 습도이다. 그럼 먼저 습도를 올릴 수 있는 요건을 생각해 보자. 습도는 공기가 함유하고 있는 수분의 정도를 수치로 나타낸 것이다. 또한 온도가 높을수록 공기가 함유할 수 있는 절대 수분량은 늘어난다. 그래서 같은 공기 가운데에 같은 수분량이라도 온도가 오르게 되면 습도가 떨어지고 내려가면 습도는 상승된다. 그래서 온도를 낮추는 것이 습도 상승의 방법이 된나.

다음은 수분의 증발량을 많게 하는 것이다. 그래서 공기 중에 있는 수분의 함유량을 높임으로써 습도 상승의 방법이 된다.

그럼 이 두 가지의 방법을 구체적으로 어떻게 적용할까.

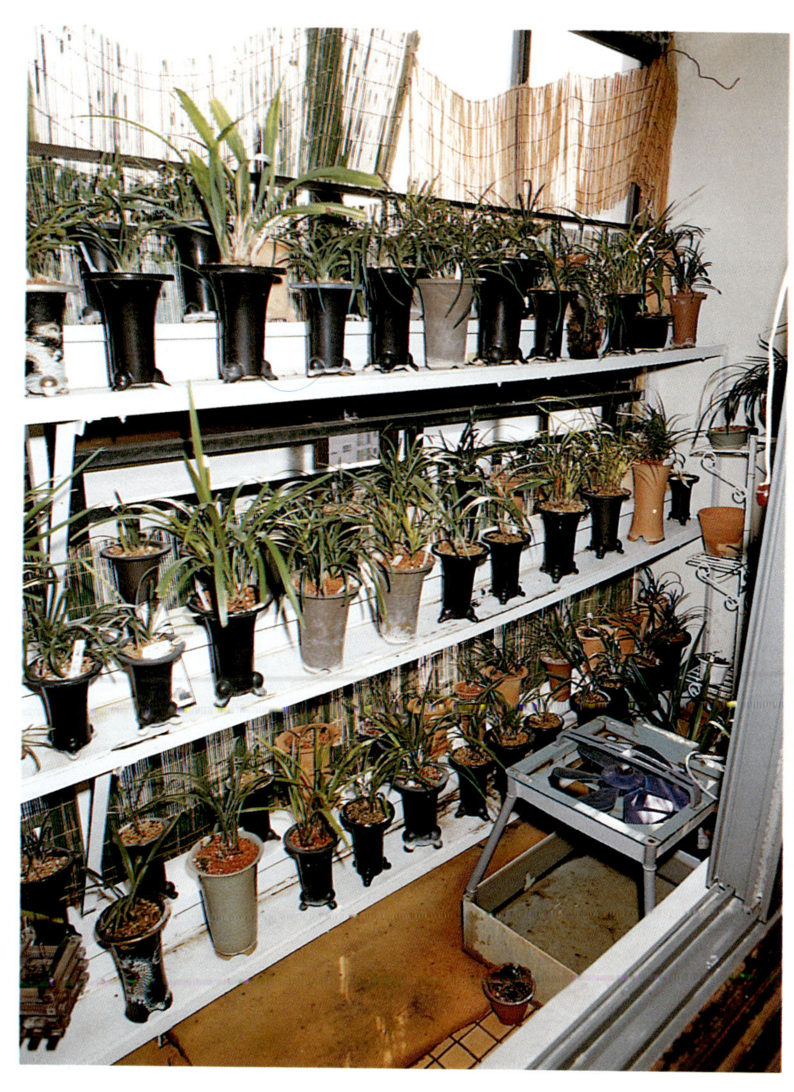

습도 조절 한국 춘란의 난실은 동향이 좋으며, 난실 바닥에는 인조 잔디나 스펀지 등을 깔아서 습도를 조절해 주며, 선풍기나 환풍기 등을 설치하여 통풍도 고려한다.

우선 온도를 내리는 문제이다. 찌는 듯한 무더위라도 그늘에 들어가면 시원함을 느낄 수 있다. 자생지의 경우 직사광이 그대로 난에 닿는 경우는 찾아보기 힘들다. 그래서 일단 온도를 내려 주는 방법으로 차광을 들 수 있다. 오전 한두 시간 아침 햇빛을 채광시켜 주는 봄에는 차광막 한 겹 정도, 여름이면 두세 겹으로 차광을 시켜 주는 것이 좋다. 그러나 이것으론 한계가 있다. 결국 수분 증발량을 극대화시키는 방법을 찾아야 한다. 물의 증발량을 늘리기 위해서는 여러 가지 방법을 생각해 볼 수 있다. 우선 증발이 용이한 설비를 설치하는 일이다. 난대 밑에 빨간 벽돌, 스펀지, 식재, 수조(水槽)를 두는 방법이다. 이 밖에 인조 잔디, 카펫 등을 깔아 두는 방법이 있다.

벽돌이나 식재 등은 같이 깔아도 좋다. 곧 식재를 가운데에 깔고 가장자리를 벽돌로 감싸는 방법이다. 또는 식재를 깔고 그 위에 인조 잔디를 까는 등 위의 것들을 서로 조합하여 설치하면 좋다. 이렇게 설치한 뒤 적당량의 물을 붓고 물의 증발을 유도하는 것이다. 이 방법의 재료들을 보면 물을 오랫동안 함유할 수 있고 표면적이 넓은 것들이다. 또한 이러한 것을 설치한 뒤 작은 환풍기나 선풍기가 물을 머금은 재료들을 향하게 한다. 이는 수분 증발량의 극대화와 통풍 효과도 노릴 수 있다. 수조의 경우 수면을 향해 환풍기가 향하도록 하는 것이 좋다. 여기서 유의할 점은 선풍기나 송풍기의 바람이 난잎에 직접 닿도록 하는 것은 좋지 않다. 통풍을 고려해 선풍기를 사용할 경우도 직접 난잎에 선풍기 바람이 닿는 것은 좋지 않다.

습도 유지법으로 난대를 조금 높게 설치하고 난대 밑에다 이끼와 같은 식물을 자라게 하는 것이다. 우선 15 내지 20센티미터 정도의 두께로 흙을 베란다 바닥에 깔고 가장자리에는 흙이 흘러내리지 않도록 붉은 벽돌이나 이 밖에 적당한 재료를 가지고 막아야 된다. 특별히 물을 주지 않아도 난에 관수하고 흘러내린 물로도 밑의 이끼가 자라는 데 충분하다고 한다. 이끼의 경우 완전히 활착해서 자라기 시작하면 실내 분위기도 좋으며 습도 유지에도 좋다. 이렇게 함으로써 여러 식물체들이 같이 자라므로 인위적인 증발 효과보다 높은 수분 증발 효과를 얻을 수 있다.

습도 유지법은 난을 하는 데 가장 어려운 문제 가운데 하나이다. 이 문제의 해결을 위해선 위의 방법들을 자신의 여건에 맞게 적절히 이용하면 효과를 얻을 수 있다. 애란인들을 만나다 보면 우수 품종이나 좋아하는 난을 구입하는 데 많은 신경을 쓰는 것만큼 부수적인 시설엔 의외로 관심을 보이지 않는 경우를 자주 본다. 이것은 커다란 문제이다. 가능한 한 난들이 자라기에 훌륭한 환경의 조성에 좀더 신경을 써야 난이 원하는 만큼 자라 줄 것이다.

물 주기

흔히 물 주기 3년이라는 말이 있다. 초보자 가운데에는 너무 애지중지해 과습으로 뿌리를 상하게 하기도 하고, 수분 부족으로 시들게 하기도 한다.

일반적으로 초보일 때 춘란은 난분 맨 위의 배양토가 어제까지는 안 말랐는데 오늘 보니까 말라 있다면, 내일 물을 흠뻑 주면 좋을 것이다. 배양토가 말랐는지 안 말랐는지는 빨래가 마르고 안 마르고를 눈으로 보고 알 수 있듯이 쉽게 알 수 있다.

봄 난이 오랜 동면에서 깨어나 활동기로 들어갈 시기이므로 매우 중요한 계절이다.

뿌리가 활동을 시작하고 새촉도 얼굴을 내밀며 1년 재배의 성패를 결정하는 가장 중요한 때이기도 하다. 그러므로 수분이 필요하며 물 주기를 중단하지 말도록 한다.

　한번 물을 줄 때의 양은 분 전체에 골고루 미치게 하나 과습은 피한다. 또 신아에 물방울이 고이고 그곳에 직사일광이 비추어져 일소 현상을 일으키는 예도 많으므로 주의가 필요하다. 이것을 방지하기 위해 저녁 때 물을 주는 것이 좋다.

　여름　봄과 여름 사이에는 장마 기간이 있다. 장마철에는 공중 습도가 높고 습도도 최상의 상태이므로 화장토가 건조한 듯해도 맨 밑부분까지의 건조는 의외로 늦으니 이때는 물 주기를 적게 한다. 본격적인 여름이 되면 기온도 높아지고 통풍을 좋게 하기 위해 창문도 자주 열어 주기 때문에 건조가 심해진다. 그러므로 하루 걸러 1번 정도 물 주는 것이 필요하다. 낮에 물 주기를 하면 분 온도가 급격히 차게 되고 온도가 상승하는 변화도 비교적 짧아, 그것이

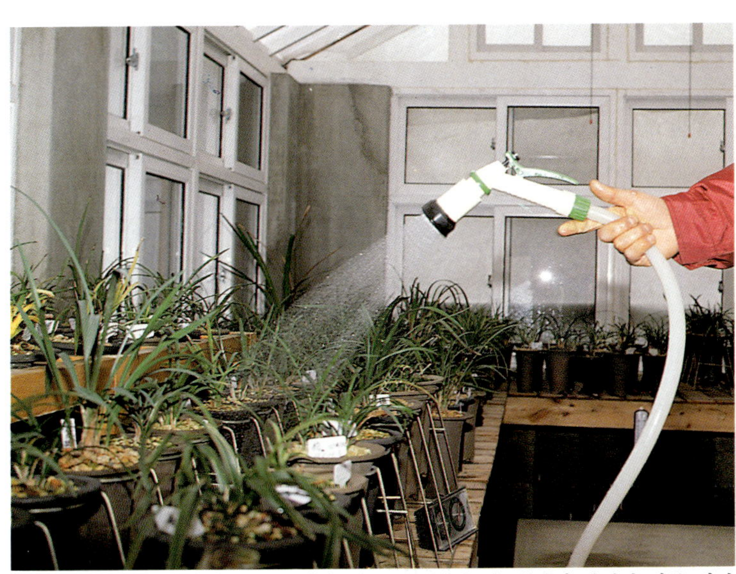

물 주기　춘란 가꾸기에서는 물 주기가 아주 중요하다. 온 뿌리의 먼지가 전부 씻겨 나가도록 물을 흠뻑 준다.

뿌리에 나쁜 영향을 끼칠 우려가 있으므로 저녁 해가 질 무렵이 좋다. 야간에는 고온이 계속될 경우 엽면 살수를 하여 온도를 내려 주어야 한다.

가을 여름의 성장이 왕성한 것에 비하면 물 주기는 약간 줄어들지만 공기의 건조는 여름보다 심해지므로 너무 건조해지지 않도록 주의해야 한다. 물 주기는 이른 아침이나 저녁 때가 좋다.

겨울 서리가 내리는 초겨울이 되면 난을 실내에 들여놓고, 물 주기를 서서히 줄여 월동 준비를 시킨다. 물 주는 시기는 오전 가운데 따뜻할 때 실시하는 것이 바람직하다.

엄동 설한기인 1월부터 2월에 걸쳐서는 난의 휴면을 위해 물을 줄 때는 화장토의 건조 상태를 보고 판단한다. 횟수는 2주에서 3주 사이에 1번 정도이고 물의 양은 분내에 골고루 미치도록 준다.

이상이 물 주기에 있어서의 일반적인 요점이다. 그러나 이러한 것들을 철저히 지켰더라도 실패하는 사람들이 있다. 그럴 때에는 다음과 같은 경우가 없었는가를 생각해 본다.

물을 줄 때 분 밑에서 물이 콸콸 흘러나올 정도로 흠뻑 준 것으로 알았으나 분 주위만 통했을 뿐 골고루 미치지 않았을 경우, 또 난에 대해 잘 모르는 다른 사람에게 물 주기를 부탁했을 경우 등 물이 표면만 통하고 깊숙한 곳에는 흡수되지 않아 모두 말라 버리는 일도 종종 일어난다. 이것을 막기 위해서는 매달 1번 정도는 흐르는 물 속에 담갔다 빼주는 것이 매우 효과적이다. 다만 미리 받아 둔 물은 바이러스병 전염 예방을 위해 절대 삼가야 한다. 또 물 주기에서 수질의 문제에 대해서도 빼놓을 수가 없다.

물에는 광물질(mineral)을 포함한 센물과 빗물과 같은 단물이 있지만, 식물에는 단물이 적합하다. 수돗물은 정수되는 과정에서 단물화하고 있으므로 별 걱정은 없다. 그리고 수돗물에는 소독을 위한 염소가 함유되어 있기는 하지만 수도꼭지에서 직접 물을 주어도 아무런 문제를 일으키지 않는다.

이상 물 주기에 대해서 자세히 서술했지만 중요한 것은 온도의 고저(高低), 습도의 상황 등을 물 주기의 기준으로 하고, 자신의 난에 적합한 물 주기를 각자 연구하는 것이 매우 중요하다고 본다. 그리고 무조건 다른 사람의 방법을 모방하지 말고 자신의 난의 뿌리 상황을 잘 파악하고 연구해서 물을 주면 난 재배에 있어서는 반드시 성공할 것이다.

온도 관리

모든 식물에겐 생육에 가장 적합한 생육 적온이라는 게 있다. 난도 예외는 아니다. 난을 배양하면서 일정 온도를 유지해 주어야 한다는 말은 난에게 적합한 생육 적온을 유지시켜 준다는 말과 같은 말이다. 모든 식물에게 있어서 온도가 생육에 미치는 영향은 크다. 따라서 난을 기르는 데도 난이 요구하는 적절한 온도를 맞추어 주는 것은 중요하다.

다른 생육 조건과의 상호 작용 이해

난의 생육 환경은 크게 네 가지인데, 온도(열), 통풍, 습도, 영양 등이다. 이러한 네 가지의 요건들은 서로 상호 작용을 하면서 난의 생육에 영향을 미친다. 따라서 이 가운데 특정의 요소만을 떼어서 도식적인 이해를 하는 것보다 이러한 네 가지 요소들이 서로 상호 작용하는 원리를 이해하는 것이 중요하다. 또한 항상 하는 이야기이지만 자생지의 여건을 연관시켜 생각해야 한다. 우리가 자생지(온도)를 생각할 때 흔히 자생 지역의 기온을 생각할 수 있다. 그러나 이것은 잘못된 생각이다. 우리나라의 남부 지방도 한여름의 경우 섭씨 30도 이상으로 올라가는 경우가 다반사이며 겨울의 경우 영하권으로 내려가는 때도 적지 않다. 그러므로 자생지의 환경을 이해하는 요점은 자생지가 천혜의 난실이라는 것이다. 곧 난이 자라는 20, 30년생의 소나무 밑은 외기의 기온에 별로 영향을 받지 않으며 난에게 가장 적합한 생육 적온을 유지시켜 주는 것이다. 그러면 온도가 다른 세 가지의 요건들과 상호 작용하는 것에 대해 알아본다.

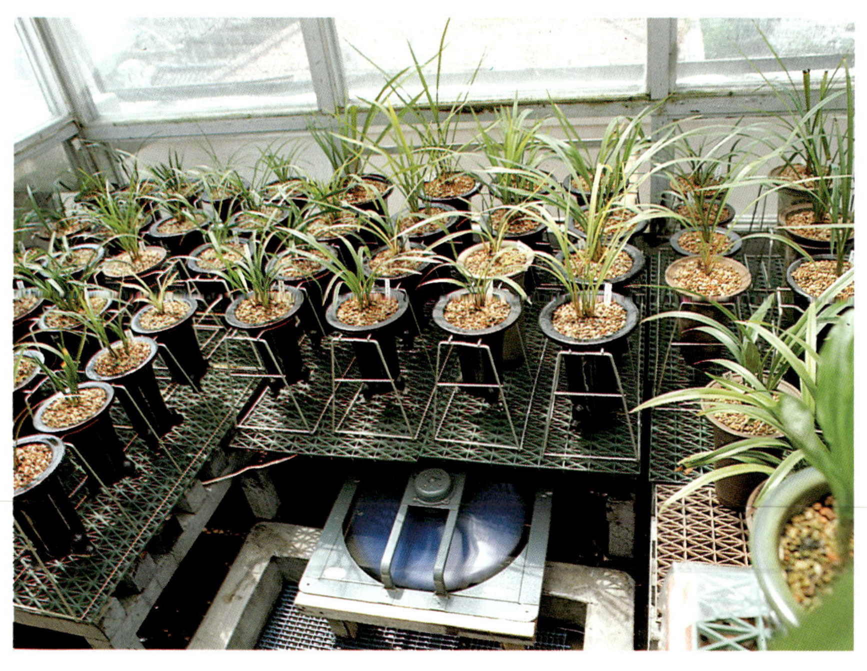

온도 관리　난실 밑에 물통을 넣고 선풍기를 설치하여 돌려 주면 난실 온도를 시원하게 내려 줄 수 있다.

먼저 습도와의 관계이다. 공기 가운데에 함유된 수분의 양을 수치로 나타내는 공중 습도는 온도와 상당히 밀접한 관계에 놓여 있다. 왜냐하면 온도의 변화에 따라 습도는 같은 수분량이라도 변하는 관계에 놓여 있기 때문이다. 이는 온도의 변화에 따라 대기 가운데 있는 여러 입자들의 활동력이 변하는 관계로, 공기가 함유할 수 있는 수분의 양은 온도가 올라감에 따라 늘어나는 까닭이다. 그러므로 난을 기르며 습도가 부족할 경우 온도를 내리는 방법을 많이 사용한다. 특히 한겨울이나 한여름의 경우 건조한 아파트 베란다나 단독 주택 베란다의 경우 온도를 내리는 방법으로 습도를 올려 주는 예를 자주 볼 수 있다.

온도와 통풍 또한 서로 상호 작용을 한다. 통풍은 난에게 적절한 운동을 유도하며, 호기성인 난에겐 생장에 커다란 영향을 미친다. 한편 원활하게 외기와 환기가 잘 이루어지면 온도 조절도 용이하게 이루어진다. 한여름 고온일 때 적절하게 통풍이 이루어지지 않게 되면 난에겐 치명적인 결과를 초래하게 되는 것이다.

온도는 영양에도 영향을 끼친다. 예를 들면 시비를 할 경우 기온이 너무 높거나 낮게 되면 난이 비료 성분을 받아들일 수 없게 되어 시비의 충분한 효과를 기대할 수 없게 된다. 그러므로 한겨울이나 한여름에는 시비를 하지 않는다. 이것은 난이 생장기인 봄이나 가을에는 생육에 가장 알맞은 기온대가 됨으로써 충분한 영양을 필요로 한다. 반면 생장에 부적합한 기온대가 되면 휴면에 들게 되거나 생장이 정지됨으로써 비료를 받아들일 수 없는 상황이 되는 것이다.

한여름의 경우 난실을 23도에서 섭씨 30도 가량을 유지한다면 난은 건실하게 생장을 할 수 있다. 그러나 갑작스런 고온으로 섭씨 30도 이상이 되면 비료 장해를 입게 된다. 그러므로 한여름에는 가능한 시비를 피하는 것이다. 난은 온도의 변화에 따라 영양분을 잘 받아들이기도 하고 그렇지 않기도 하는 것이다. 이처럼 온도는 난의 생육 환경을 결정짓는 다른 세 가지의 요소들과 상호 작용을 하면서 난에게 영향을 미치는 것이다.

이 밖에 온도는 빛과도 밀접한 관계에 있다. 빛은 난에게 광합성 작용을 가능하게 할 뿐만 아니라 기온을 높이는 작용을 한다. 또한 열에너지의 근원인 것이다. 여기서 기온 상승은 애란인들이 난을 하는 데 상당한 애로 사항으로 다가오는 문제이다. 일반적으로 소규모로 난을 할 경우 집안에선 항상 기온 상승을 염려하게 된다. 겨울이라도 요즘의 아파트 베란다는 대부분 알루미늄 새시가 되어 있어 섭씨 20도 이상의 기온 상승은 일반적인 현상이다. 이렇게 되면 난의 휴면은 거의 힘들게 된다.

이 밖에 다른 계절에도 온실 효과로 인해 기온 상승을 유발한다. 그래서 차광은 단순히 햇빛을 가린다는 의미도 중요하지만, 온도를 내리는 수단도 된다는 것을 생각할 필요가 있다. 그래서 종래 차광을 할 경우 빛이 들어오는 유리면에 바로 차광막이나 발을 치는 것보다, 유리창 바깥쪽으로 창문과 최소한 30센티미터 이상은 거리를 두어 치는 것이 좋다. 이렇게 함으로써 복사열을 방지할 수 있고 그늘 효과를 얻음으로써 온도의 상승과 강한 빛을 가리는 이중 효과를 얻을 수 있다. 그리고 온도는 난의 신진 대사 및 광합성에도 영향을 미쳐 난의 생장에 관여한다. 곧 온도는 난이 광합성을 하는 데 관여한다.

광합성에는 빛을 필요로 하는 명반응과 빛을 필요로 하지 않는 암반응이 있다. 이 가운데에 암반응은 효소의 작용에 의한 열화학 반응이기 때문에 온도의 영향을 강하게 받는다. 효소에는 그 작용의 최적온이 있는 까닭이다. 또한 최적온을 전후한 광합성량의 차이가 상당히 심한 것으로 나타나 생육 적온의 중요성을 느낄 수 있다. 그리고 온도는 난의 병충해와도 밀접한 관련을 맺고 있다. 한여름에 많이 나타나는 연부병이나 엽고병의 경우 고온 다습의 환경에서 쉽게 발생하는 것이다. 이는 이들 병원체들의 생육 적온이 섭씨 30도 이상이기 때문이다. 만약 이러한 환경이 주어졌을 때 난은 상당히 고온으로 인해 약화된 상태에서 해를 입게 됨으로써 치명적이게 된다.

지금까지 난의 생육 환경 가운데서 온도를 중심으로 다른 세 가지와의 상호 작용과 온도와 관련시켜 난 배양에 필요한 사항들을 알아보았다. 이로써 막연하게 온도를 높여 주고 낮춰 주는 것을 벗어나 최소한의 온도 관리의 원칙은 이해되었으리라 믿어진다.

생육 조건들을 이용한 온도 조절

구체적으로 난은 어느 정도의 온도를 요구하는 것일까. 심비디움 속 한국 춘란의 가장 활발한 생장기는 섭씨 23도 내지 25도 정도의 온도면 무난하다고 볼 수 있다. 계절로는 봄, 가을이 이에 해당된다. 한편 일교차는 섭씨 10도 정도가 안전한 것으로 알려져 있다. 생장 기간은 일반 애란인들의 난실과 자생지에 따라 약간의 차이가 있다. 자생지의 경우 난실보다는 약간 늦은 편이다.

한여름의 기온은 절대 섭씨 32도 이상은 올라가지 않게 해야 하며 가능한 섭씨 30도 이상 올라가지 않도록 하는 것이 안전한 관리법이다. 여기서 섭씨 32도는 이미 생장 활동이 멈춰지는 상태이며 30도만 되어도 위험 신호로 봐야 한다. 여름 동안의 생육 적온은 섭씨 23도에서 28도 정도가 가장 적절한 온도 범위이다. 한국 춘란뿐만 아니라 동양란도 이 정도면 잘 자란다.

한편 한여름이 되면 밤의 기온이 올라가는 열대야 현상이 예기치 않게 찾아와 애란인들을 당황하게 한다. 그러나 이를 잘 이용한다면 난의 생장을 가속화할 수도 있다. 이를테면 열대야 현상이 나타날 경우에 관수를 충분히 하고, 환기를 충분히 시키면 분내의 온도가 내려가면서 활발하게 생육 활동을 할 수 있도록 하는 것이다. 반면 밤이면 온도가 내려갈 것을 생각해 난실 창문을 닫아 두게 되면 위험하다. 말 그대로 난은 고온으로 녹아버리는 것이다.

겨울의 온도 관리는 예전과는 상당히 다른 입장에서 생각해야 한다. 특히 소규모 초보 애란인의 입장에서는 더욱 그렇다. 왜냐하면 예전에는 어떻게 하면 온도를 높여 주느냐 하는 것이었지만 요즘은 어떻게 온도를 내려 주느냐에 초점이 맞추어져야 하기 때문이다. 곧 난을 기를 수 있는 공간이 아파트나 단독 주택 베란다(새시가 된)의 경우가 대부분인 까닭이다. 이는 주거 환경의 변화 탓인데 이 경우를 보면 난을 기르는 공간이 대부분 겨울에도 실내 기온과 거의 비슷하게 유지되고 또한 상당히 건조한 까닭에 심한 경우 춘란 의 꽃을 피우기가 상당히 어려울 정도이기 때문이다. 그래서 이러한 환경에서는 가능한 온도를 내려 주는 입장에서 온도 관리를 해야 한다.

겨울은 대부분의 난들이 휴면에 들어간다. 이때의 온도 관리는 섭씨 2도에서 높아도 15도가 적당하나. 여기서 춘란은 색화나 그 밖에 꽃대가 있는 난은 섭씨 3, 4도 정도, 이 밖에 꽃대가 없는 경우 는 섭씨 10도 정도까지 휴면을 시키는 것이 좋다.

한편 차게 관리하는 난일수록 물을 주는 주기를 길게 잡아야 한 다. 그리고 관수는 반드시 미지근한 물로 따뜻한 날 오전에 실시하 는 것이 안전하다. 왜냐하면 분내의 온도는 난실의 온도보다는 낮은 것이 일반적인 현상이기 때문이다. 겨울 난 관리에 있어 삼고할 사항은 같은 난실이라도 난실 바닥과 난대와는 온도차가 난다는 점이다. 그래서 이를 이용해 춘란들은 바닥에, 한란 보세 혜란류는 조금 위에 두고 관리하면 편리하다. 반면 여름에는 고온에 조금이라 도 강한 종류는 위쪽에, 약한 것은 아래쪽에 두고 관리하면 어느 정도의 품종별 온도차는 극복할 수 있을 것이다.

위에서 알아본 바와 같이 겨울을 제외한 3계절은 난이 요구하는 생육 적온이, 우리 사람들이 살아가기에 가장 적합한 기온대라 할 수 있다. 또한 겨울을 보면 조금은 추운 기온대이다. 그리고 온도는 같더라도 습도의 차이에 따라 우리가 느끼는 체감 온도에는 차이가 난다. 그래서 초보자의 입장에선 선배 애란인들의 난실이나 전문 농장을 틈나는 대로 가서 잘 자라는 난실 환경을 자신이 직접 몸으로 느껴볼 필요가 있다. 경험자들은 온도계를 보지 않아도 체감되는 것으로써 적온을 느낄 수 있다고 하는 경우가 많다. 이 점에 유의해 초보자들은 가능한 많은 선배 난실이나 대규모 농장, 자생지 등지를 자주 찾아 몸으로 체험하는 것이 중요하다.

비료 주기

시비 시기

일반적으로 시비는 한겨울과 한여름은 피한다. 그래서 적절한 시비의 기간으로는 왕성한 성장기인 3월에서부터 6월까지 실시한다. 또한 2차 생장기인 9월에서부터 10월에 걸쳐 시비를 해야 하는 것으로 알려져 있다. 평균 월 1회에서 3회에 걸쳐 실시하는데, 춘란의 경우 봄에는 2, 3회, 가을엔 1, 2회 정도 실시한다.

이 밖에 다른 종류의 것은 약간 약하게 춘란보다 덜 주는 것이 좋으며, 꽃이 피어 있는 개화주나 엽예품의 경우도 거의 시비를 안 하거나 개화주는 꽃을 자른 뒤에 일반 시비를 시작하는 것이 좋다.

엽면 살포 때에 비료를 주는 시간대로는 흐린 날이나 저녁나절에 주어야 하며 직접 시비할 경우는 맑은 날 오전 안으로 실시한다. 또한 관수와도 상관 관계가 있는데, 초보자의 안전한 방법으로는

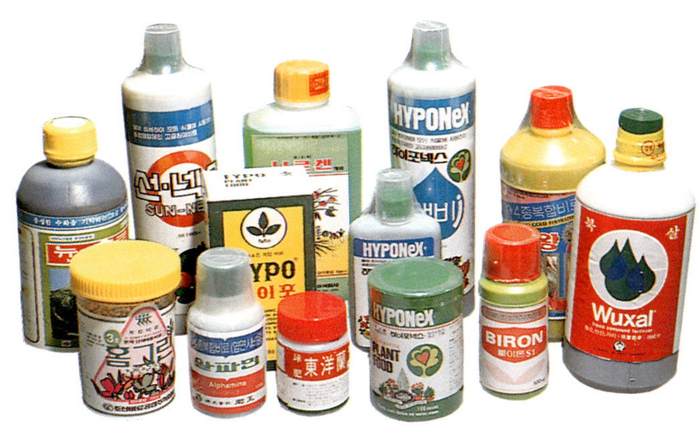

각종 비료 비료는 가능한 허가난 제품을 사용해야 성분 비율이 적혀 있으므로 자신의 여건에 맞게 사용할 수 있다.

관수를 한 다음 날에 시비를 하는 것이 무기질 비료의 시비 때에는 안전한 방법이다.

시비 방법

시비 방법으로는 엽면 살포와 배양토에 주는 경우가 있다. 식물의 생장에 필요한 영양은 뿌리뿐만 아니라 잎이나 줄기를 통해서 흡수된다. 난의 경우도 엽면에 시비를 하게 되는데, 이때는 토양을 통해서 식물에 흡수되기 힘든 망간이나 철 등의 무기 양분의 공급에 좋은 효과를 얻을 수 있다. 또한 토양으로부터 식물이 이용하기 어려운 영양소, 뿌리가 악화되어 영양분의 흡수가 어려울 때도 효과를 볼 수 있다. 그러나 비료의 3요소로 질소(N), 인산(P), 칼륨(K) 등 다량 요소는 엽면 시비만으로는 부족하다.

배양토에 직접 할 경우와 엽면 살포할 때는 희석 농도에 차이를 두어야 한다. 일반적으로 엽면 살포할 때는 배양토에 직접 할 때보다 2배 정도로 묽게 주어야 한다.

가을철에는 인산과 칼륨의 함량이 많은 것을 위주로, 봄철에는 주로 질소질의 함량이 많은 것을 위주로, 가을철에는 인산과 칼륨의 함량이 많은 것을 위주로 시비한다. 또한 질소질의 경우는 봄뿐만 아니라 영양 생장 기간에도 가끔 살포하면 효과적이다. 왜냐하면 질소는 용출(溶出;성분의 일부가 물 따위에 녹아 흘러나옴)이 잘 되어 1회의 시비로 끝내는 것보다 자주 미량으로 시비하는 것이 효과적인 까닭이다.

희석 농도

비료는 가능한 묽게 주어야 하며 특히 석회 농도에 주의를 해야 한다. 무기질 비료는 화학 비료로 고농도이며 속효성이므로, 양의 조절이 잘못되면 심한 비료 장해를 입을 수 있다. 시중에서 판매되는 비료의 처방전은 일반 화훼용이나 야채류에 맞춰진 희석 배율이다. 요즘 많은 애란인들을 보면 고형 비료를 표토에 얹어 두고 액비나 분말의 경우 엽면 시비를 하는데, 이때의 농도는 특히 문제된다. 흔히 일반 화훼류의 처방전보다 2, 3배 묽게 주는 것이 통례화되어 있다. 이 경우 엽면 시비 때는 이보다 2배 정도 더 묽게 희석해야 한다. 또한 시비의 농도를 처음에는 묽게 하는 것을 원칙으로 하며, 회를 거듭할수록 횟수와 농도를 늘려가도록 해야 한다. 참고로 일반 액비의 경우 약병의 뚜껑이 몇 시시(cc)라는 표시가 되어 있는데, 이를 기준으로 희석하면 된다. 이때 2000배로 희석할 경우 20리터(1말)의 물에 10그램 또는 10시시를 타면 된다(1리터=

1,000밀리리터=1,000시시, 1킬로그램=1,000그램, 일반 차숟가락으로 수북하게 계량하면 1그램 정도, 작은 소주잔은 25그램 정도). 또한 정확한 계량을 위해선 주사기를 사용하면 편리하다. 약국에서 판매되고 있는 일회용 주사기의 경우 시시로 단위가 표시되어 있어 편리하다. 또한 요즘 시판되고 있는 소형 분무기의 경우 용량이 적혀 있으므로 이러한 용기를 사용하면 정확한 배율로 비료의 농도를 조절할 수 있을 것이다.

현재 시중에는 많은 종류의 비료들이 판매되고 있다. 여기에는 박테리아의 도움으로 분해되어 활용되는 유기질 비료와 무기질 비료로 나눠진다. 또한 생장을 촉진하는 생장 촉진제 등이 있다. 특정의 어느 비료가 좋다고 할 수는 없다. 가능한 허가난 제품을 사용해야 한다. 대부분 허가난 제품의 경우는 성분 비율이 적혀 있으므로 이를 참조하여 자신의 여건에 맞게 사용한다.

난의 생장에 필수적인 요소로서 인위적인 방법으로 공급해야 할 것은 비료의 3대 요소인 질소, 인, 칼륨을 포함한 유황(S), 칼슘(Ca), 마그네슘(Mg)과 미량 원소들을 필요로 한다.

질소는 뿌리와 줄기 및 잎의 신장에 기여하여 양분의 흡수 동화를 왕성하게 해준다. 인산은 핵단백질과 핵산에 들어 있으며 에너지 대사에 관여하고 뿌리의 신장 및 개화와 결실을 촉진한다. 칼륨은 식물체의 구성 원소는 아니지만 광합성, 단백질 합성과 탄수화물의 이동, 축적에 관여한다. 또한 개화, 결실의 촉진, 뿌리나 줄기를 강하게 하는 데 관여한다. 칼슘은 세포막을 형성하는 성분이며 체내에 과잉으로 있는 유기산을 중화하는 역할을 한다.

마그네슘은 엽록소의 성분이며 인산의 흡수와 체내 이동에 관여하고 탄수화물대사, 효소의 활성화를 한다. 유황은 탄수화물대사, 엽록소의 생성에 간접적으로 관여하는 한편 단백질, 비타민, 아미노산 등의 중요한 화합물을 만든다. 이 밖에 미량 원소들은 난의 생장에 필요한 각 대사의 활동, 엽록소의 형성을 위한 촉매 역할, 영양 요소의 흡수 이용 등의 화학적 작용에 관여한다. 우리가 흔히 비료라 할 때는 위의 물질들을 말한다.

이들은 각기 식물에 작용하는 바가 다르다. 시중에 판매되는 복합비료의 경우 성분비의 차이는 있으나 비료의 3대 요소를 비롯한 미량 원소들을 포함하고 있으며, 결실기와 생장기 등에 따라서도 약간의 성분차가 있다. 각각의 특성과 성질을 이해하고 시비에 임해야 할 것이다. 또한 엽면 시비용과 토양 시비용이 있고 생장 촉진제인 영양제가 있다. 이러한 비료의 사용 때 성분율을 자세히 살펴난의 상태와 시기 등을 고려해 시비한다.

분주와 분갈이

난을 기르다 보면 많은 촉수로 불어나서 촉수를 나누어 주는 작업인 분주(分株)가 필요하며 많은 촉수(大株라고 한다)로 늘지 않았더라도 3년 이상 동안 같은 분에서 지내게 되면 과다한 산성과 여러 유해 성분이 유출돼 난에게 적잖은 피해를 주게 된다. 때문에 분을 갈아 주는 작업인 분갈이가 필요하다. 난의 원활한 성장을 위해 분주, 분갈이는 반드시 필요한 것이다.

우선 분갈이하는 데 중요한 것은 시기의 선택이다. 대부분 기상조건이 좋은 봄과 가을에 실시하는데 봄에는 춘분의 시기를 전후하여 가을에는 추분을 전후하여 실시하는 것이 좋다.

봄에는 신아가 나와서 분갈이를 해도 될지 모르겠다는 사람이 많은데, 신아와 새로 나오는 뿌리가 다치지 않도록 주의한다면 분갈이를 해도 생육 활동이 활발한 시기이므로 지장이 없다. 또 가을은 그해의 신아가 성장을 다하고 춘란에 저항력이 있을 때이므로 봄과 가을 어느 시기를 선택하는가는 각자의 환경 조건에 따라 실시하는 것이 바람직하다. 그러나 화예품은 꽃망울이 상하거나 꽃망울의 생육을 방해해 애써 나온 꽃을 못 볼 우려가 있으므로 개화가 끝난 뒤에 실시하는 것이 좋다.

분갈이에 필요한 준비물

분갈이가 필요하다고 판단된 난을 준비해 놓고 작업에 필요한 재료들을 준비해야 한다. 이때 난은 그루나누기 작업 1, 2일 전에 물을 주지 않고 뿌리를 약간 말려 두는 것이 중요하다. 왜냐하면 다육질(多肉質)의 뿌리가 수분을 충분히 머금어 싱싱하면 아무래도 작업을 하면서 뿌리를 상하게 할 염려가 많기 때문이다.

재료에는 통기(通氣)와 배수(排水), 흡습성(吸濕性)이 좋은 분(盆)과 물로 깨끗하게 씻은 대립(大粒), 중립(中粒), 소립(小粒), 화장토(化粧土), 가위, 핀셋, 분무기, 붓, 명찰, 양동이, 알코올 램프 등이 있다.

한번 씻던 분을 재사용할 경우에는 반드시 소독을 해야 하며 이왕이면 난의 배양이 용이하고 난과의 조화를 살릴 수 있는 것을 선택하는 것이 좋다.

배양토는 무엇보다 공기가 잘 통할 수 있는 통기성이 좋아야 하며 아울러 물을 머금을 수 있는 보수성과 그러면서도 물이 잘 빠지는 배수성이 있어야 한다. 그러므로 이러한 조건들을 고루 갖추기 위해서는 한 가지만을 사용하는 것보다 배양토를 2, 3종류 섞어 사용하는 것이 좋다.

춘란은 건조와 냉해에 강하므로 통기성과 배수성이 좋은 배양토를 쓴다.

그 밖의 도구들은 바이러스 감염의 사전 예방을 위해 반드시 소독하여 사용해 나중에 후회하는 일이 없어야겠다.

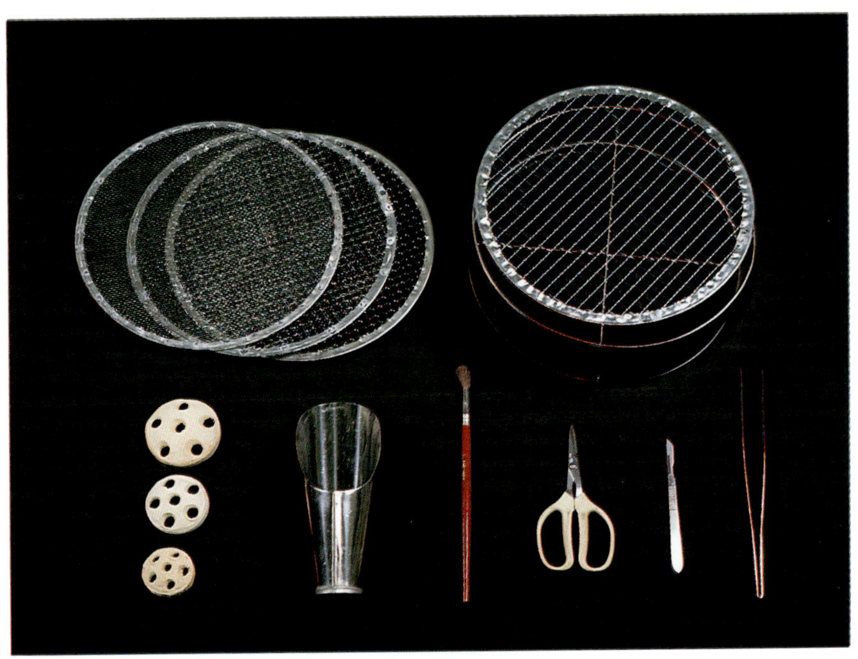

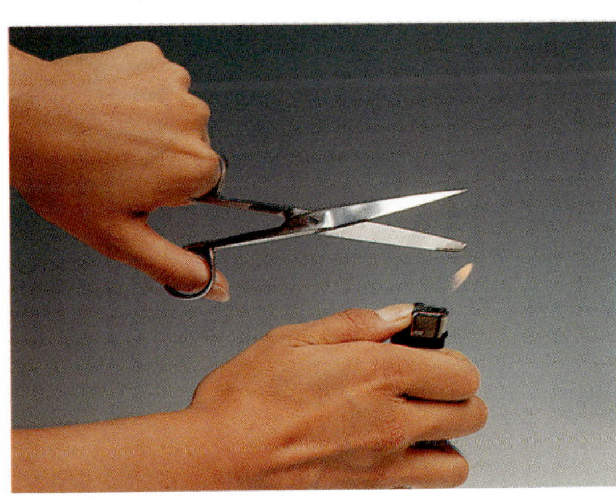

분주와 분갈이에 필요한 도구(위)
가위 소독 분갈이 때에는 모든 도구
들을 소독해야 바이러스 감염을 예
방할 수 있다.(왼쪽)

분갈이의 실제

분갈이를 할 때 그루나누기를 해야 할 난은 먼저 뿌리나 잎, 구경의 상태를 자세히 살펴보고, 나누어야 할 포기수를 정해 둔다. 원칙적으로 분갈이를 할 때에는 최소한 2촉 이상을 한 포기로 해야 하며 춘란은 가능하면 난분 지름이 15센티미터 정도의 분에 5촉 정도를 심는 것이 뿌리 썩음을 방지할 수 있어 좋다.

그루나누기를 실시할 때는 난에 새촉이 있는지를 확인하여 다치지 않도록 조심해야 한다. 그루나누기에 쓸 도구들은 반드시 알코올

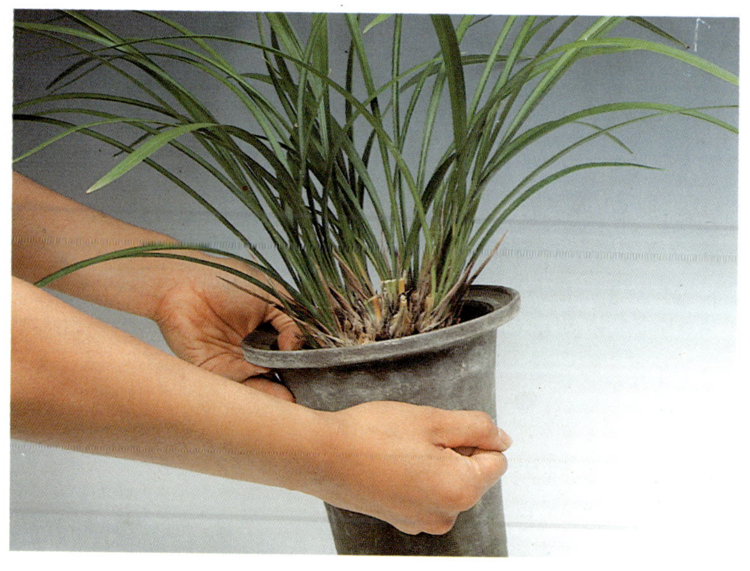

분갈이　난을 분에서 **빼낼** 때는 분의 등을 두드려 꽉 조여진 배양토를 느슨하게 한다.

램프에 소독해서 사용하며 손도 비누로 깨끗이 씻은 뒤 작업에 들어
가도록 한다.

난을 갈아 심기 위해서는 분을 난으로부터 꺼내야 하는데 뿌리를
잡고 강제로 잡아 빼면 뿌리가 끊어지거나 잎에 상처를 줄 우려가
있으므로 먼저 분을 옆으로 비스듬히 눕힌 다음 분 가장자리를 오른
손으로 가볍게 두드려 주면 배양토가 느슨해져 난을 쉽게 꺼낼 수가
있다. 조심스럽게 꺼낸 난은 뿌리 사이에 붙은 오래 된 배양토를
떼어내고 썩었거나 성장이 정지된 부분은 소독된 가위로 깨끗하게
정리해 준다.

깨끗하게 잘 정리된 난은 뿌리의 배양 상태를 보고 뿌리와 새촉이
다치지 않도록 조심하면서 생장에 지장이 없는 곳을 나누도록 한
다. 나뉘어진 난을 수돗물로 깨끗이 닦고 다이젠이나 벤레이트 등의
소독제를 지정 농도보다 조금 묽게 희석해 난을 담가 놓는다.

잘 닦아진 난분은 분 벽과 뿌리와의 마찰을 위해 수분을 충분히
흡수시킨다. 먼저 순조로운 통풍을 위해 분 아래에 분망을 깔고
보수력이 좋은 엄지 손가락 크기(2센티 이상)만한 대립의 배양토를
5분의 1 정도 넣는다.

심을 난의 위치를 정하고 뿌리를 사방으로 고루 펴서 왼손으로
잡고 위치가 움직이지 않도록 고정시킨다. 그리고는 오른손으로
대립(大粒), 중립(中粒), 소립(小粒)의 순으로 가구경의 윗부분이
분의 윗가장자리보다 1센티미터 정도 낮은 곳에 위치하도록 한다.

이때 뿌리가 지나치게 길고 많아서 그루를 원하는 높이로 조절하
기가 어려울 때에는 가장 아랫부분에 있는 대립의 배양토를 일부
제거하는 것으로 조절할 수기 있다.

뿌리와 뿌리 사이의 틈을 없애기 위해 핀셋이나 긴 막대 등을
사용해 정밀하게 배양토를 넣는다. 뿌리와 뿌리 사이에 공간이 생기
면 배양토가 미치지 않은 부분이 영양 부족으로 난의 성장에 장해를

가져오므로 꼼꼼하게 작업하도록 한다.

마지막으로 쌀알만한 크기의 화장토(化粧土)를 가구경이 3분의 2 정도가 묻히도록 얹어 주고 관수 등으로 배양토가 움직이는 것을 방지하기 위해 큰 붓으로 가볍게 누르면서 정리를 해준다.

미리 준비해 둔 커다란 양동이에 물을 가득 채우고 분을 넣었다 뺏다 하기를 2, 3회 되풀이해 먼지 등이 깨끗이 씻겨 나가도록 한다. 그러나 사용한 물을 계속해서 사용하면 바이러스 감염의 우려가 있으므로 한 분을 하고 난 뒤에는 물을 버리고 다시 새물을 받아 씻어낸다. 잎에 묻은 먼지도 물뿌리개를 이용해 깨끗이 닦아 준다.

이 과정이 모두 끝나면 분마다 품종명과 갈아심은 시기, 촉수, 입수 경로 등을 기록한 명찰을 분에 꽂아 품종의 혼동을 막도록 한다.

분갈이 뒤의 관리

분주, 분갈이의 작업이 무사히 모두 끝났다고 안심하면 큰 착오이며 무엇보다도 그 이후의 관리가 중요하다. 더군다나 분갈이로 피곤에 지친 난이 안정되게 관리에 소홀함이 없어야 하겠다.

일단 갈아심은 분은 통풍이 좋으며 직사광선이 들지 않는 반그늘진 곳에서 1주일 정도 안정시켜 뿌리가 하루 빨리 안착되도록 해야 한다. 정양(靜養) 기간 가운데에도 배양토가 마르지 않도록 물 관리는 잊지 말아야 하며 자주 엽면 살수를 해 적정 습도를 유지해 준다.

이렇게 1주일 봉란을 안정시킨 나음 서서이 채광을 시삭해 두먼서 평상 때의 관리로 되돌려 적응시키도록 하고, 시비는 최소한 1개월이 지난 뒤에 실시하도록 한다.

그루나누기를 한 뒤 난의 생육에 이상이 생겼을 경우, 분갈이를 잘못했다고 탓하지 말고 관리에 소홀함은 없었는지 잘 생각해 난의 충실을 도모하도록 한다.

난의 병해

병해

종류가 많고 초심자에게는 좀처럼 병명을 알 수 없는 것도 많다. 병의 원인에 따라 바이러스, 세균, 사상균 등으로 나누어지는데, 취미가라도 대표적인 병해의 증상과 치료법을 알고 있으면 도움이 된다.

연부병(軟腐病) 뿌리나 잎을 부패시키고 마침내는 난 전체를 말라죽게 한다. 잎의 중간 부분부터 누렇게 변하여 잎자루와 구경이 모두 흑색으로 변하며 썩는다. 연부병이 들어 부패가 시작되면 벌브와 떡잎의 색이 갈색 기운이 돌기 시작하면서 증상이 나타난다. 약제로는 벤레이트가 있다.

이는 약물 과다가 원인이 되기도 하며 고온 다습과 통풍 불량이 원인이 된다. 이와 비슷한 현상이 뿌리에서 나타나면 근부병(根腐病)인데 같은 원인으로 발병한다. 심한 경우 모두 버려야 한다. 위와 같은 병이면 분과 배양토를 완전히 갈아야 하며 사용하던 것은 버려야 한다.

백견병(白絹病) 연부병과 같은 모양으로 자생란의 뿌리나 지하부를 침해한다. 과습하면 발생하기 쉽다. 이 병의 증상은 뿌리의 기부에 흰 명주실 같은 균사가 형성되어 이것이 증식되면서 좁쌀 같은 갈색의 입자가 생긴다. 이러한 상태면 이미 뿌리 썩음이 진행된 상태이고, 심한 경우 전체를 버릴 수밖에 없다.

조기 발견 때는 병반을 도려내고 곧 분갈이를 해야 한다. 예방은 유기질 비료 사용 때 잘 나타나며 화장토를 너무 오래 사용하지 않는 것이 좋다.

탄저병, 흑반병 잎이 갈색으로 변한다. 차광 부족 등에 의해서도 잎은 갈색으로 변하지만, 흑반병에서는 반점이 넓게 나타나므로

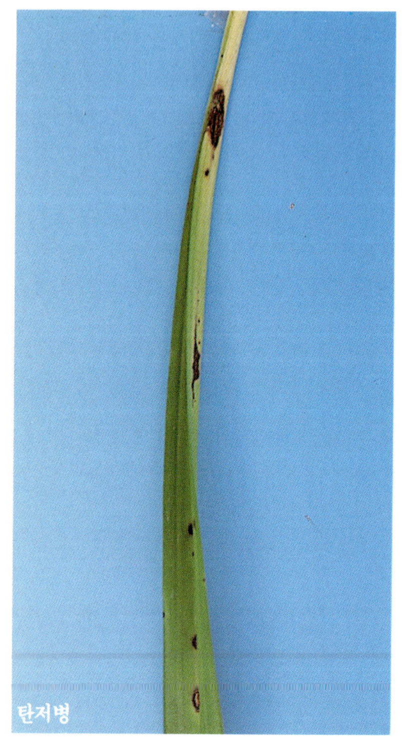

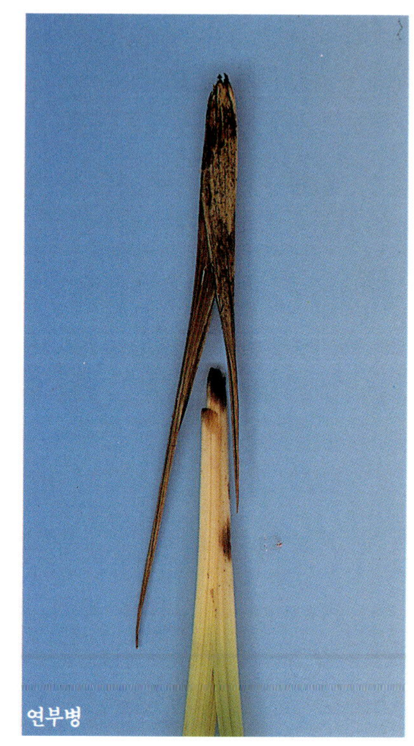

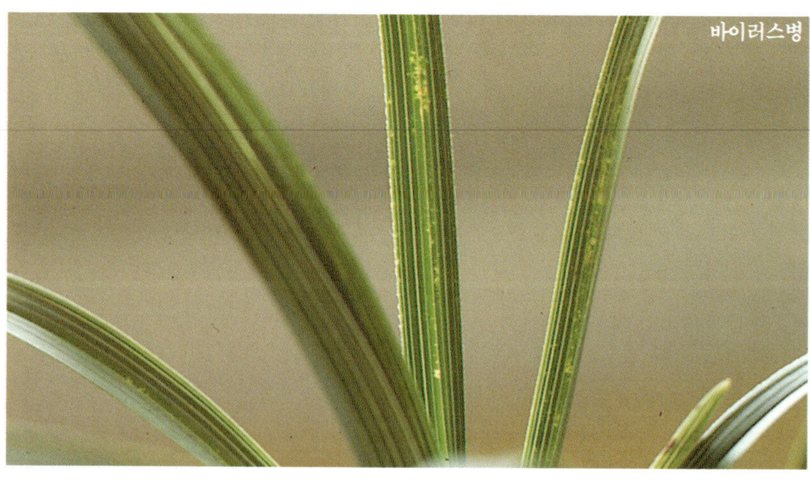

120 춘란 가꾸는 요령

로 구별할 수 있다. 약제로는 다이젠M45, 톱신M, 오소싸이드, 다코
닐 등이 있다.

바이러스병　야생란 취미가라면 누구나 의식하고 있는 가장 무서
운 병이다. 잎에 색의 농담으로 나타나기도 하고 주름이 생기기도
한다. 꽃봉오리가 피지 않기도 하는데 꽃에 호가 들어 있다. 바이러
스에 걸리면 난 전체가 썩어버린다. 아직까지 치료제가 없다.

충해

진딧물　바이러스병을 감염시키는 무서운 해충이다. 야생란을
비롯하여 여러 가지 식물에 붙는데 특히 새싹이나 잎을 좋아한다.
약제로는 스프라사이드, 스미치온, 다이메크론, 메타시톡스 등이
있다.

진드기　난을 놓은 장소가 건조하면 실내외를 불문하고 어디에서
나 오는 처리 곤란한 해충이다. 새싹이든 성숙한 잎이든 구별없이
모여든다. 환경에 따라서는 1년 내내 발생하기도 한다.

민달팽이　주로 새싹이나 얇고 부드러운 잎을 침해한다. 여름철
우기나 습기가 많은 곳에 서식하며 번식력이 매우 왕성하다. 약제로
는 나메톡스가 있다.

상한 뿌리의 진단과 치료

난을 키우다 보면 난 잎끝이 타들어가고 새로 자라는 잎도 가늘어지며 생기를 잃는 경우가 있다. 난의 뿌리가 잘 자라는지 안 자라는지 그것을 확인하려면 분을 쏟아 보는 수밖에 없다. 그러나 꼭 분을 쏟지 않아도 난의 잎을 자세히 보면 난의 뿌리 상태를 알 수 있다. 상한 뿌리를 진단하고 치료하는 방법은 그리 어렵지 않다. 조심스럽게 관찰하면 곧 가능하다.

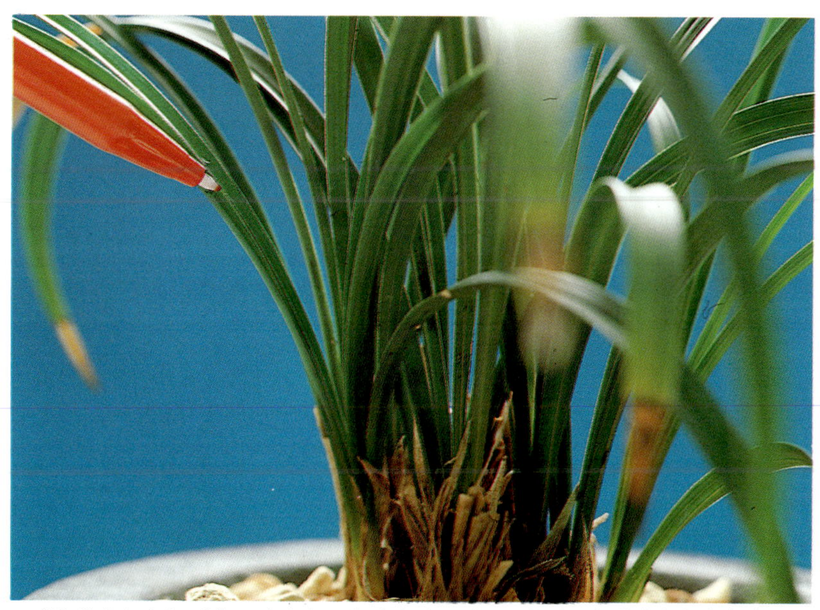

상한 뿌리의 진단 새촉도 자세히 보아 잎이 다른 것들보다 가늘면 뿌리에 손상이 있는 것으로 파악해야 한다.

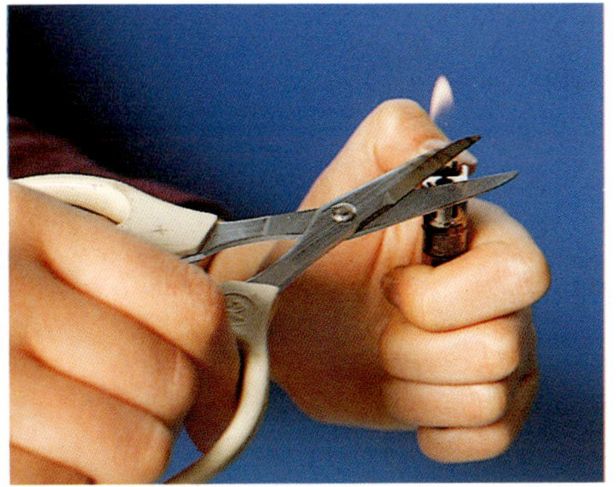

1

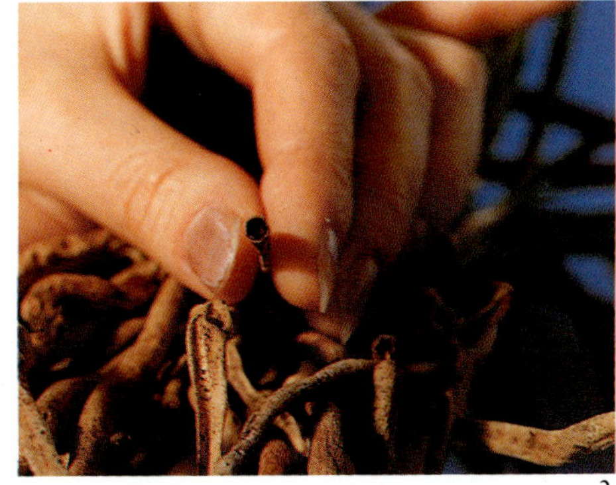

2

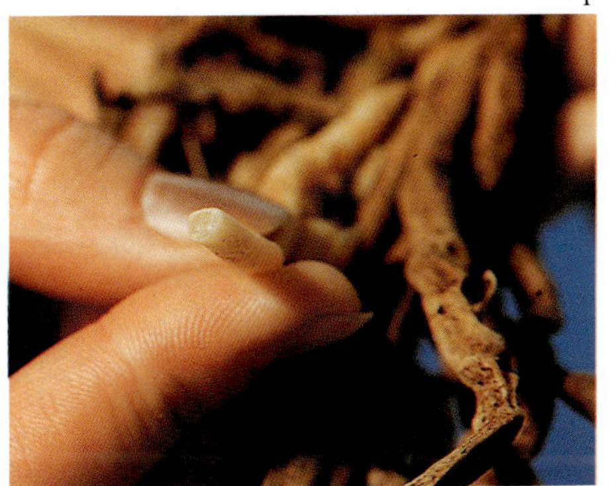

3

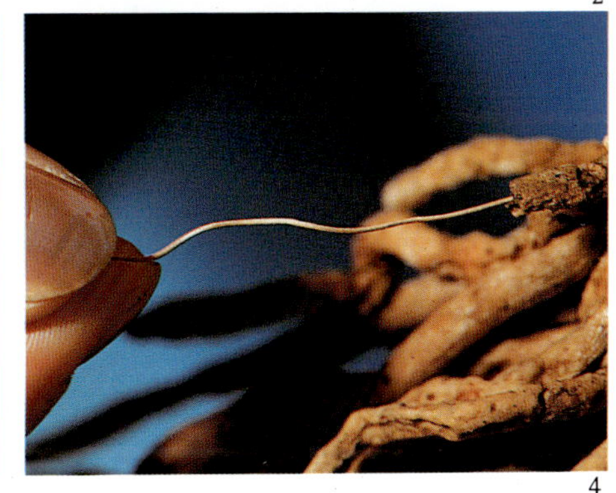

4

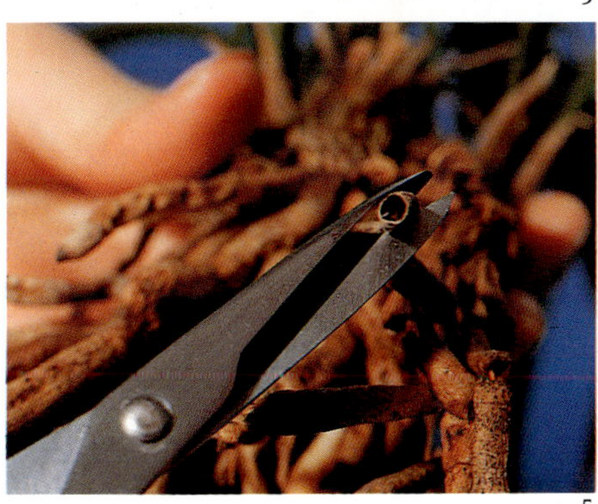

5

상한 뿌리의 정리

1. 먼저 가위를 소독한다.
2. 끝이 까맣거나 만져 보아 말랑말랑한 것은 상한 뿌리이다.
3. 단단한 것은 살아 있는 뿌리로 절단면이 하얗고 싱싱하다.
4. 상한 부분을 잡아당기면 표피가 떨어져 철사 모양의 심이 나오는데 이것을 일일이 뺄 필요는 없다. 심만 놓아 두고 깨끗하게 정리한다.
5. 소독한 가위로 말랑말랑한 부분을 손가락 끝으로 확인하면서 단단한 부분의 막다른 장소에서 잘라 낸다.

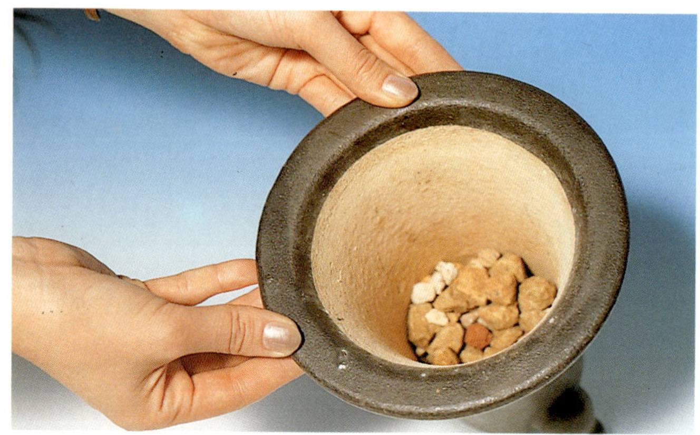

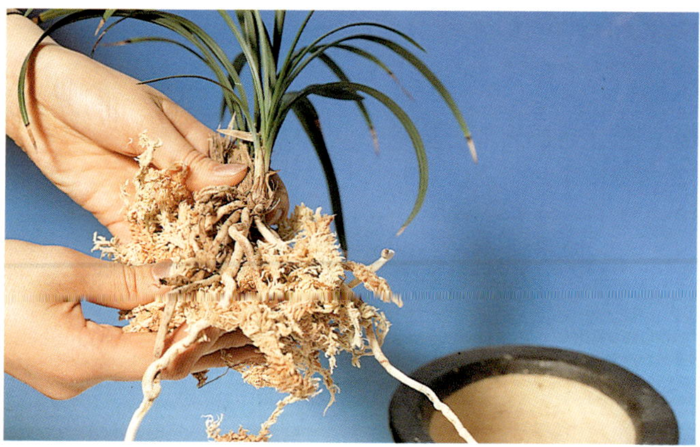

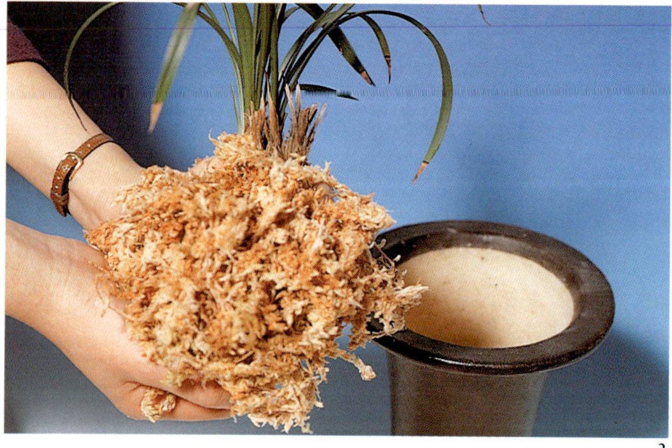

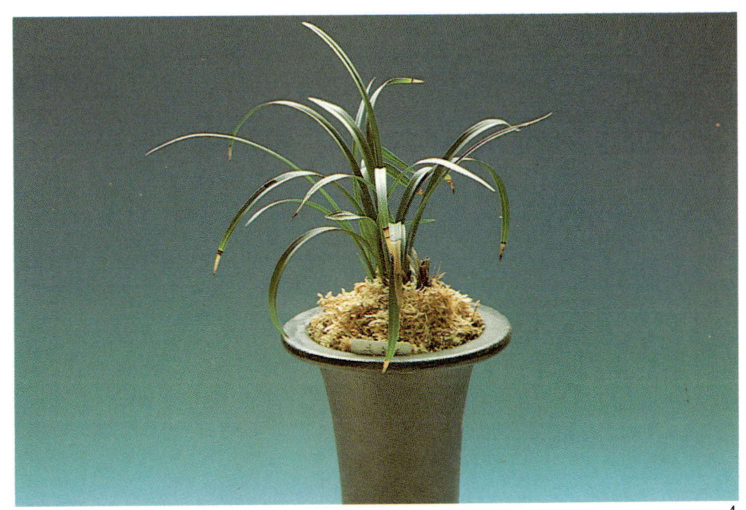

4

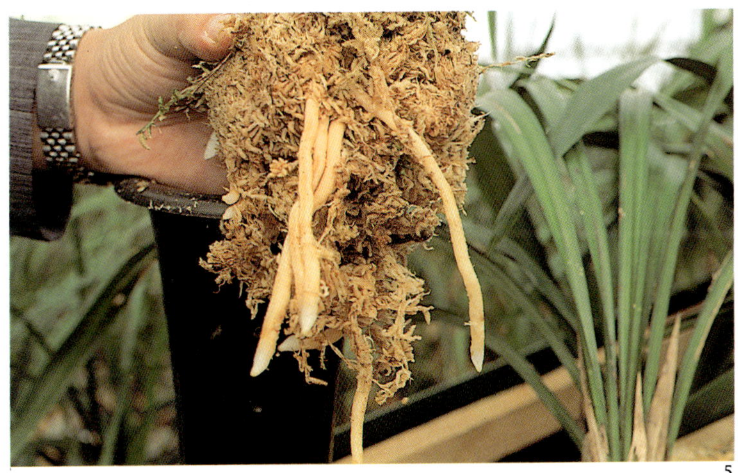

5

상한 뿌리의 치료

1. 우선 이전에 사용하던 것보다도 약간 작은 화분을 선택하고 화분 밑에 배양토를 3센티미터 정도 깔아 순다.
2. 뿌리를 펼쳐 뿌리 안으로 수태를 넣어 주고 둥글게 감싸 준다.
3. 수태는 벌브가 보이지 않도록 감아 준다.
4. 조심해서 화분에 심은 뒤 햇볕이 잘 드는 곳에 4개월간 매달아 놓는다.
5. 6개월 뒤 보통 배양토로 교환하여 분갈이를 해준다(늦어도 1년 안에 분갈이를 꼭 해줘야 한다).

맺음말

우리의 산야에 수줍게 피어난 우리 춘란을 처음 만났을 때 마음속 깊이 떨리는 것 같은 환희를 경험했다. 첫사랑의 감정처럼 들뜨고 달콤하고 얼핏 스쳐만 가도 내 심연의 바다에 출렁거리는 난과의 만남이었다.

난 앞에 서기만 하면 아직도 처음 만났던 그때 마음이 결코 되어서 본능처럼 서성인다.

한국 춘란의 빛은 밖으로 내보이는 빛이 아니라 속으로 삼켜지는 부드러운 질감이다. 그 은은한 빛으로 자기를 드러내지 않은 모습은 전생(前生)의 연(緣)처럼, 보아도 다시 보아도 마냥 좋고 그냥 편하고 머리 속이 맑아짐을 느낀다. 하기에 난을 하는 일은 읽으면 읽을 수록 다시 새로운 고전처럼, 마셔도 다시 마셔도 여운 있는 녹차처럼 새롭게 음미할 수 있는 일이다.

춘란이 자생하므로 더욱 우리나라가 금수강산임을 알게 하고 새로운 미의식을 열게 해줌을 늘 감사하게 생각한다. 난은 늘푸름처럼 변함이 없지만 어느새 순을 내고 자라 꽃을 피우는 그 변화의 잔잔함이 우리를 편하게 한다.

이 글은 한국 춘란의 품종과 구별해 내는 분별심과 가까이 하고자

하는 마음에 초점을 맞춘 것이다.

한국 춘란은 우리의 얼굴처럼 다르고 다른 모습들이 어미처럼 닮은꼴로 번식을 해나간다. 그래서 그 품종은 다양하고 특징 또한 묘한 조화를 이루며 앞서 개발된 일본 춘란보다 더 미적 아름다움이 빼어난 품종들도 나온다. 그 품종의 아름다움과 감상은 자꾸 보아야 되고 다시금 느껴야 저절로 비교가 되고 특징을 찾아낼 수 있다. 난학(蘭學)은 끝이 없다. 배양 방법 또한 난의 성정(性情)을 알기에는 다함이 없기에 쉬운 듯하면서도 어렵다. 그 어려움을 글로 느끼게 하기에는 더 어렵다. 그래서 더욱 많은 사진을 보여주려 했고 많은 이야기를 담고 싶었다. 그러나 그 내용을 담기에는 재주가 모자라고 지면이 모자람을 너무 많이 느낀다.

솔직히 난에 관한 전문지를 발행하는 사람으로서 타 출판사에 책을 낸다는 것은 쉬운 일이 아니다. 나름대로 다시 되물어 감히 이러한 책을 만들 수 있도록 격려해 주신 대원사에 감사드린다.

빛깔있는 책들 203-23

한국 춘란 가꾸기

초판 1쇄 발행 | 1993년 2월 20일
초판 6쇄 발행 | 2001년 11월 30일
재판 1쇄 발행 | 2013년 5월 16일

글·사진 | 강법선
발행인 | 김남석

편 집 이 사 | 김정옥
디   자   인 | 임세희
전   무 | 정만성
영 업 부 장 | 이현석

발행처 | (주)대원사
주   소 | 135-230 서울시 강남구 일원동 642-11 대도빌딩 3층
전   화 | (02)757-6717~6719
팩시밀리 | (02)775-8043
등록번호 | 등록 제3-191호
홈페이지 | www.daewonsa.co.kr

값 8,500원

ISBN 978-89-369-0138-7

잘못 만들어진 책은 바꾸어 드립니다.

빛깔있는 책들

민속(분류번호 : 101)

1 짚문화	2 유기	3 소반	4 민속놀이(개정판)	5 전통 매듭
6 전통 자수	7 복식	8 팔도 굿	9 제주 성읍 마을	10 조상 제례
11 한국의 배	12 한국의 춤	13 전통 부채	14 우리 옛 악기	15 솟대
16 전통 상례	17 농기구	18 옛 다리	19 장승과 벅수	106 옹기
111 풀문화	112 한국의 무속	120 탈춤	121 동신당	129 안동 하회 마을
140 풍수지리	149 탈	158 서낭당	159 전통 목가구	165 전통 문양
169 옛 안경과 안경집	187 종이 공예 문화	195 한국의 부엌	201 전통 옷감	209 한국의 화폐
210 한국의 풍어제	270 한국의 벽사부적			

고미술(분류번호 : 102)

20 한옥의 조형	21 꽃담	22 문방사우	23 고인쇄	24 수원 화성
25 한국의 정자	26 벼루	27 조선 기와	28 안압지	29 한국의 옛 조경
30 전각	31 분청사기	32 창덕궁	33 장석과 자물쇠	34 종묘와 사직
35 비원	36 옛책	37 고분	38 서양 고지도와 한국	39 단청
102 창경궁	103 한국의 누	104 조선 백자	107 한국의 궁궐	108 덕수궁
109 한국의 성곽	113 한국의 서원	116 토우	122 옛기와	125 고분 유물
136 석등	147 민화	152 북한산성	164 풍속화(하나)	167 궁중 유물(하나)
168 궁중 유물(둘)	176 전통 과학 건축	177 풍속화(둘)	198 옛 궁궐 그림	200 고려 청자
216 산신도	219 경복궁	222 서원 건축	225 한국의 암각화	226 우리 옛 도자기
227 옛 전돌	229 우리 옛 질그릇	232 소쇄원	235 한국의 향교	239 청동기 문화
243 한국의 황제	245 한국의 읍성	248 전통 장신구	250 전통 남자 장신구	258 별전
259 나전공예				

불교 문화(분류번호 : 103)

40 불상	41 사원 건축	42 범종	43 석불	44 옛절터
45 경주 남산(하나)	46 경주 남산(둘)	47 석탑	48 사리구	49 요사채
50 불화	51 괘불	52 신장상	53 보살상	54 사경
55 불교 목공예	56 부도	57 불화 그리기	58 고승 진영	59 미륵불
101 마애불	110 통도사	117 영산재	119 지옥도	123 산사의 하루
124 반가사유상	127 불국사	132 금동불	135 만다라	145 해인사
150 송광사	154 범어사	155 대흥사	156 법주사	157 운주사
171 부석사	178 철불	180 불교 의식구	220 전탑	221 마곡사
230 갑사와 동학사	236 선암사	237 금산사	240 수덕사	241 화엄사
244 다비와 사리	249 선운사	255 한국의 가사	272 청평사	

음식 일반(분류번호 : 201)

60 전통 음식	61 팔도 음식	62 떡과 과자	63 겨울 음식	64 봄가을 음식
65 여름 음식	66 명절 음식	166 궁중음식과 서울음식		207 통과 의례 음식
214 제주도 음식	215 김치	253 장醬	273 밑반찬	

건강 식품(분류번호 : 202)

105 민간 요법　　181 전통 건강 음료

즐거운 생활(분류번호 : 203)

67 다도	68 서예	69 도예	70 동양란 가꾸기	71 분재
72 수석	73 칵테일	74 인테리어 디자인	75 낚시	76 봄가을 한복
77 겨울 한복	78 여름 한복	79 집 꾸미기	80 방과 부엌 꾸미기	81 거실 꾸미기
82 색지 공예	83 신비의 우주	84 실내 원예	85 오디오	114 관상학
115 수상학	134 애견 기르기	138 한국 춘란 가꾸기	139 사진 입문	172 현대 무용 감상법
179 오페라 감상법	192 연극 감상법	193 발레 감상법	205 쪽물들이기	211 뮤지컬 감상법
213 풍경 사진 입문	223 서양 고전음악 감상법		251 와인	254 전통주
269 커피	274 보석과 주얼리			

건강 생활(분류번호 : 204)

86 요가	87 볼링	88 골프	89 생활 체조	90 5분 체조
91 기공	92 태극권	133 단전 호흡	162 택견	199 태권도
247 씨름				

한국의 자연(분류번호 : 301)

93 집에서 기르는 야생화		94 약이 되는 야생초	95 약용 식물	96 한국의 동굴
97 한국의 텃새	98 한국의 철새	99 한강	100 한국의 곤충	118 고산 식물
126 한국의 호수	128 민물고기	137 야생 동물	141 북한산	142 지리산
143 한라산	144 설악산	151 한국의 토종개	153 강화도	173 속리산
174 울릉도	175 소나무	182 독도	183 오대산	184 한국의 자생란
186 계룡산	188 쉽게 구할 수 있는 염료 식물		189 한국의 외래 · 귀화 식물	
190 백두산	197 화석	202 월출산	203 해양 생물	206 한국의 버섯
208 한국의 약수	212 주왕산	217 홍도와 흑산도	218 한국의 갯벌	224 한국의 나비
233 동강	234 대나무	238 한국의 샘물	246 백두고원	256 거문도와 백도
257 거제도				

미술 일반(분류번호 : 401)

130 한국화 감상법	131 서양화 감상법	146 문자도	148 추상화 감상법	160 중국화 감상법
161 행위 예술 감상법	163 민화 그리기	170 설치 미술 감상법	185 판화 감상법	
191 근대 수묵 채색화 감상법		194 옛 그림 감상법	196 근대 유화 감상법	204 무대 미술 감상법
228 서예 감상법	231 일본화 감상법	242 사군자 감상법	271 조각 감상법	

역사(분류번호 : 501)

252 신문	260 부여 장정마을	261 연기 솔올마을	262 태안 개미목마을	263 아산 외암마을
264 보령 원산도	265 당진 합덕마을	266 금산 불이마을	267 논산 병사마을	268 홍성 독배마을
275 만화				